普通高等教育"十三五"规划教材(软件工程专业)

计算机网络实验指导

主 编 吴 东

副主编 王晓晔 石 艳 孔艺权

中国水利水电出版社

www.waterpub.com.cn

·北京·

内 容 提 要

当前，计算机网络像空气和水一样影响着人们的工作和生活，其重要性不言而喻。高等院校各专业特别是理工科专业的学生都有必要学习计算机网络知识。本书根据计算机网络技术的应用和教学现状，为各专业、各层次的学生提供了包括计算机网络原理、组网技术、网络服务等方面的实验指导内容，让学生掌握计算机网络相关技术的实践操作。书中的每个实验均包含实验目的、实验原理、实验内容、实验过程、实验结果、实验分析等环节，条理清晰、图文并茂、通俗易懂，并且书中内容相对独立，读者可根据自身兴趣或需要挑选部分章节学习。

本书案例丰富、可操作性强，可作为高等院校计算机类专业、电子信息类专业、通信类专业、电子商务专业及其他专业"计算机网络"课程的配套实验教材，也可作为广大技术人员增强计算机网络操作技能的辅导用书。

图书在版编目（CIP）数据

计算机网络实验指导 / 吴东主编. -- 北京 ：中国水利水电出版社，2018.1
普通高等教育"十三五"规划教材. 软件工程专业
ISBN 978-7-5170-6212-7

Ⅰ. ①计… Ⅱ. ①吴… Ⅲ. ①计算机网络－实验－高等学校－教学参考资料 Ⅳ. ①TP393-33

中国版本图书馆CIP数据核字(2017)第326307号

策划编辑：陈红华　责任编辑：封　裕　加工编辑：张溯源　封面设计：李　佳

书　名	普通高等教育"十三五"规划教材（软件工程专业） 计算机网络实验指导 JISUANJI WANGLUO SHIYAN ZHIDAO
作　者	主　编 吴　东 副主编 王晓晔　石　艳　孔艺权
出版发行	中国水利水电出版社 （北京市海淀区玉渊潭南路1号D座　100038） 网址：www.waterpub.com.cn E-mail: mchannel@263.net（万水） 　　　　sales@waterpub.com.cn 电话：(010) 68367658（营销中心）、82562819（万水）
经　售	全国各地新华书店和相关出版物销售网点
排　版	北京万水电子信息有限公司
印　刷	三河市铭浩彩色印装有限公司
规　格	184mm×260mm　16开本　11.5印张　287千字
版　次	2018年1月第1版　2018年1月第1次印刷
印　数	0001—2000册
定　价	26.00元

编 委 会

序

为了深入贯彻落实教育部《关于加强高等学校本科教学工作，提高教学质量的若干意见》精神，紧密配合教育部《关于国家精品开放课程建设的实施意见》和广东省教育厅《广东省高等教育"创新强校工程"实施方案（试行）》，加快发展应用型普通院校的计算机专业本科教育，形成适应学科发展需求、校企深度融合的新型教育体系，在有关部门的大力支持下，我们组织并成立了"普通高等教育'十三五'规划教材编审委员会"（以下简称"编委会"），讨论并实施应用型普通高等院校计算机类专业精品示范教材的编写与出版工作。编委会成员为来自教学科研一线的教师和软件企业的工程技术人员。

按照教育部的要求，编委会认为，精品示范教材应该能够反映应用型普通高等院校教学改革与课程建设的需要，教材的建设以提高学生的核心竞争力为导向，培养高素质的计算机高级应用人才。编委会结合社会经济发展的需求，设计并打造计算机科学与技术专业的系列教材。本系列教材涵盖软件技术、移动互联、软件与信息管理等专业方向，有利于建设开放共享的实践环境，有利于培养"双师型"教师团队，有利于学校创建共享型教学资源库。教材由个人申报，经编委会认真评审，由中国水利水电出版社审定出版。

本套规划教材的编写遵循以下几个基本原则：

（1）突出应用技术，全面针对实际应用。根据实际应用的需要组织教材内容，在保证学科体系完整的基础上，不过度强调理论的深度和难度，而是注重应用型人才专业技能和工程师实用技术的培养。

（2）教材采用项目驱动、案例引导的编写模式。以实际问题引导出相关原理和概念，在讲述实例的过程中将知识点融入，通过分析归纳，介绍解决工程实际问题的思想和方法，然后进行概括总结。教材内容清晰、脉络分明、可读性和可操作性强，同时，引入案例教学和启发式教学方法，便于激发学习兴趣。

（3）专家教师共建团队，优化编写队伍。由来自高校的一线教师、行业专家、企业工程师协同组成编写队伍，跨区域、跨学校交叉研究、协调推进，把握行业发展方向，将行业创新融入专业教学的课程设置和教材内容。

本套教材凝聚了众多长期在教学、科研一线工作的老师和数十位软件工程师的经验和智慧。衷心感谢该套教材的各位作者为教材出版所做的贡献。我们期待广大读者对本套教材提出宝贵意见，以便进一步修订，使该套教材不断完善。

丛书编委会

2017 年 12 月

前　　言

20 世纪 90 年代以来，第四代计算机网络（Internet）急速发展，为资源共享提供了强有力的支持，被人们称为"信息高速公路"。其应用已经深入人类活动的每个领域，深刻地影响着人类的生活，是近代影响力最大的技术革命。特别是当前移动互联网的普及，更进一步加深了计算机网络技术对人们生活的影响。可以说，计算机网络像空气和水一样重要。面对计算机网络的迅猛发展，高等院校各专业特别是理工科专业的学生都有必要学习计算机网络的基础知识。

"计算机网络"是一门理论与实践并重的课程，通过实验操作更有利于学生理解抽象的计算机网络原理知识。本书旨在紧密结合计算机网络理知识课堂教学，为学生提供一些内容基础、步骤清晰、可操作性强的实验指导案例，让学生能够借助实验操作来理解计算机网络基础知识。

本书主要包含计算机网络原理、组网技术、网络服务等方面的实验指导内容。全书共分 4 章，第 1 章是网络协议分析实验，分别介绍常见网络命令的应用、以太网数据帧、IP 协议数据报等计算机网络原理的内容；第 2 章是简单组网技术实验，分别介绍双绞线制作、对等网组建、无线个人区域网组建等内容；第 3 章是网络服务技术实验，分别介绍 DNS 服务器、DHCP 服务器、代理服务器等网络服务器配置的内容；第 4 章是复杂组网技术实验，分别介绍交换机和路由器基本配置、VLAN、路由协议的应用等内容。

本书由吴东任主编，王晓晔、石艳、孔艺权任副主编。同时感谢岭南师范学院的张子石、吴涛、张立敏、曾绍庚、陈霞等老师提供了宝贵建议，尤其要感谢杨俊杰教授，他中肯的意见和准确的修正对本书起到至关重要的作用。

在编写过程中，我们参考并引用了大量计算机网络方面相关的论著和资料，限于篇幅，不能在文中一一列举，在此对其作者致以衷心的感谢。

由于编者水平有限，书中内容难免存在不足甚至错误之处，恳请广大读者批评指正。

本书的出版受广东省计算机科学与技术专业综合改革试点项目（粤教高函〔2013〕113 号）、广东省计算机实验教学示范中心项目（粤教高函〔2015〕133 号）、广东高等学校优秀青年教师培养计划项目（Yq2014117）、广东省本科高校教学质量与教学改革工程立项建设项目（粤教高函〔2017〕214 号）、岭南师范学院教学质量与教学改革工程立项建设项目（岭师教务〔2017〕114 号（114961700207））经费资助。

编者 于岭南师范学院计算机网络实验室

2017 年 8 月

目　　录

第 1 章　网络协议分析实验

实验 1　常见网络命令的应用

1. 实验名称

常见网络命令的应用。

2. 实验目的

掌握常见网络命令的使用方法，理解网络命令的功能，熟练运用命令分析网络状态。更具体的是，学会使用 ping、netstat、ipconfig、route、tracert 等网络命令检测网络是否连通、了解网络的配置状态、跟踪路由等。

3. 实验原理

（1）ping：该命令对一个目标主机发出 ICMP 数据包，并且请求获取反馈包的过程，根据回应信息获得目标主机的一些属性，探测目标主机是否活动。在指定的时间内，若无法得到目标主机的反馈包，则证明本地主机与该目标主机的网络可能没有连通。在命令行模式下输入"ping /?"并按回车键，可查看该命令常用参数的使用方法，如表 1-1-1 所示。

表 1-1-1　ping 常用参数

参数	解释
-t	连续 ping 指定的计算机，直到用户用 Ctrl+C 组合键中断
-n count	发送 count 指定的 ECHO 数据包数，默认值为 4
-l size	发送包含由 size 指定的数据量的 ECHO 数据包，默认是 32 字节
-w timeout	等待每次回复的超时时间，单位为 ms
-r count	查询到目的地址经过的路由

（2）netstat：该命令基于 TCP/IP 协议栈中的 netBIOS 显示协议统计本地主机当前的 TCP/IP 网络连接。在命令行模式下输入"netstat /?"并按回车键，可查看该命令常用参数的使用方法，如表 1-1-2 所示。

表 1-1-2　netstat 常用参数

参数	解释
-a	显示所有连接和侦听端口
-e	显示以太网统计

续表

参数	解释
-r	显示路由表
-s	显示每个协议的统计。默认情况下，显示 IP、TCP、UDP、ICMP 等协议的统计
-p proto	显示 proto 指定协议的连接。proto 可以是 IP、ICMP、TCP 或 UDP 等

（3）ipconfig：该命令显示本地主机当前所有适配器的基本 TCP/IP 网络配置值，例如 IP 地址、子网掩码、默认网关和物理地址等。在命令行模式下输入"ipconfig /?"并按回车键，可查看该命令常用参数的使用方法，如表 1-1-3 所示。

表 1-1-3　ipconfig 常用参数

参数	解释
-all	显示详细信息
-renew	更新所有适配器
-renew EL*	更新所有名称以 EL 开头的连接
-release	释放所有匹配的连接
-allcompartments	显示有关所有分段的信息
-allcompartments -all	显示有关所有分段的详细信息

（4）route：该命令控制网络路由表，并且只有在安装了 TCP/IP 协议后才可以使用。在命令行模式下输入"route /?"并按回车键，可查看该命令常用参数的使用方法，如表 1-1-4 所示。

表 1-1-4　route 常用参数

参数	解释	
-f	清除所有网关入口的路由表	
-p	该参数与 add 命令结合使用时，将路由设置为在系统引导期间保持不变	
command	print	打印路由
	add	添加路由
	delete	删除路由
	change	修改现有路由
destination	指定发送 command 的计算机	
gateway	指定网关	

（5）tracert：该命令是路由跟踪命令，用于显示 IP 数据包访问目标主机所经过的网络路径。它通过发送数据包到目标主机直到对方应答，通过应答报文得到路径和时延信息。在命令行模式下输入"tracert /?"并按回车键，可查看该命令常用参数的使用方法，如表 1-1-5 所示。

表 1-1-5　tracert 常用参数

参数	解释
-d	不将地址解析成主机名
-h maximum_hops	maximun_hops 指定搜索目标的最大跃点数
-w timeout	timeout 指定每次应答等待的毫秒数
target_name	目标主机的 IP 地址或者域名

4．实验内容

（1）练习 ping、netstat、ipconfig、route、tracert 等网络命令的简单用法。

（2）用 ping www.baidu.com 在本地主机查看跟百度网站的连接情况。

（3）用 netstat 显示本地计算机的网络连接情况。

（4）用 ipconfig /all 查看本地计算机的网络配置。

（5）用 route print 查看本地计算机的路由表情况。

（6）用 tracert www.baidu.com 查看本地计算机到百度网站所经过的网络路径。

5．实验设备

已联网的 PC 1 台。

6．实验过程

（1）单击"开始"菜单的"运行"选项，输入"cmd"进入命令行模式。

（2）输入"ping /?"，能看到关于该命令的一些参数说明，如图 1-1-1 所示。

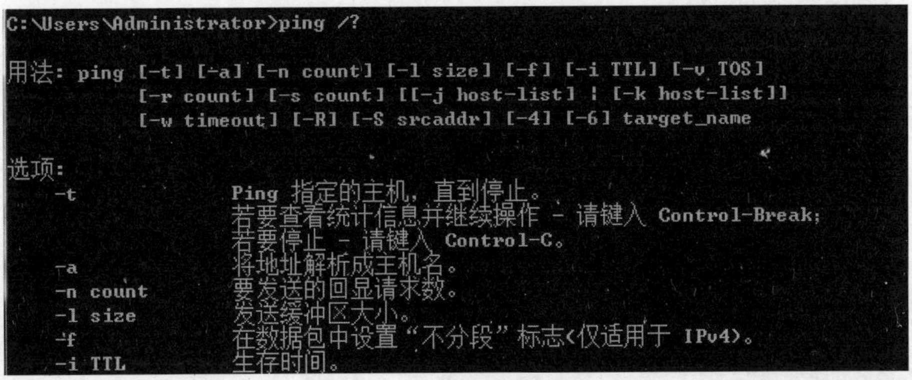

图 1-1-1　ping 命令参数

（3）输入"ping www.baidu.com"，测试本机和百度服务器是否连通。若连通，则能查看连接到百度服务器的 IP 地址。

（4）输入"ping 127.0.0.1"，在本机上做回路测试，验证本机的 TCP/IP 协议簇是否被正确安装。

（5）输入"ping 119.75.216.20 -t"，连续对目标 IP 地址 119.75.216.20 执行 ping 命令，直

到被用户用 Ctrl+C 组合键中断。

（6）输入 "ping 119.75.216.20 -l 500"，对目标 IP 地址 119.75.216.20 执行 ping 命令，并定义发送数据包的大小为 500 字节，而不是默认的 32 字节。

（7）输入 "ping 192.75.216.20 -n 5"，执行 5 次 ping 操作。

（8）输入 "netstat /?"，能看到关于该命令的一些说明，如图 1-1-2 所示。

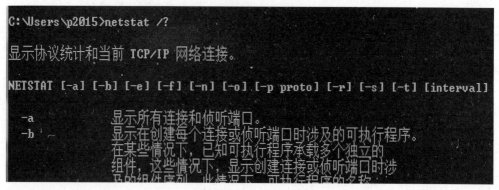

图 1-1-2   netstat 命令参数

（9）输入 "netstat -a"，显示所有连接和侦听端口，包括已建立的（ESTABLISHED）连接，也包括侦听（LISTENING）连接请求的那些连接，断开连接（CLOSE_WAIT）或者处于联机等待状态（TIME_WAIT）等。

（10）输入 "netstat -e"，显示关于以太网的统计数据，如发送和接收的字节数、数据包数。

（11）输入 "netstat -n"，以网络 IP 地址代替名称，显示出网络连接情况。

（12）输入 "netstat -r"，显示核心路由表。

（13）输入 "netstat -s"，显示每个协议的使用状态（包括 TCP 协议、UDP 协议、IP 协议）。

（14）输入 "ipconfig /?"，能看到关于该命令的一些说明，如图 1-1-3 所示。

```
C:\Users\p2015>ipconfig /?
用法:
    ipconfig [/allcompartments] [/? | /all |
                                 /renew [adapter] | /release [adapter] |
                                 /renew6 [adapter] | /release6 [adapter] |
                                 /flushdns | /displaydns | /registerdns |
                                 /showclassid adapter |
                                 /setclassid adapter [classid] |
                                 /showclassid6 adapter |
                                 /setclassid6 adapter [classid] ]
```

图 1-1-3   ipconfig 命令参数

（15）输入 "ipconfig /all"，显示适配器的所有完整 TCP/IP 配置。

（16）输入 "ipconfig /release" 和 "ipconfig /renew"，这是两个附加选项，只能在向 DHCP 服务器租用其 IP 地址的计算机上起作用。

（17）输入 "route"，能看到关于该命令的一些说明，如图 1-1-4 所示。

```
C:\Users\p2015>route

操作网络路由表。

ROUTE [-f] [-p] [-4|-6] command [destination]
               [MASK netmask]  [gateway] [METRIC metric]  [IF interface]

-f          清除所有网关项的路由表。如果与某个
            命令结合使用，在运行该命令前，
            应清除路由表。
```

图 1-1-4　route 命令参数

（18）输入"route print"，显示路由表中的当前项目。

（19）输入"tracert"，能看到关于该命令的一些说明，如图 1-1-5 所示。

```
C:\Users\p2015>tracert

用法: tracert [-d] [-h maximum_hops] [-j host-list] [-w timeout]
             [-R] [-S srcaddr] [-4] [-6] target_name

选项:
    -d                  不将地址解析成主机名。
    -h maximum_hops     搜索目标的最大跃点数。
    -j host-list        与主机列表一起的松散源路由〈仅适用于 IPv4〉。
    -w timeout          等待每个回复的超时时间〈以毫秒为单位〉。
    -R                  跟踪往返行程路径〈仅适用于 IPv6〉。
```

图 1-1-5　tracert 命令参数

（20）输入"tracert www.baidu.com"，查看本地计算机到百度网站所经过的网络路径，如图 1-1-6 所示。

```
C:\Users\p2015>tracert www.baidu.com

通过最多 30 个跃点跟踪
到 www.a.shifen.com [14.215.177.38] 的路由:

  1     *        *        *        请求超时。
  2     1 ms     1 ms     1 ms     192.168.100.166
  3    <1 毫秒   <1 毫秒    1 ms     192.168.100.174
  4     1 ms     1 ms    <1 毫秒   192.168.100.193
  5     2 ms     1 ms     1 ms     192.168.100.190
  6     *        8 ms     9 ms     210.38.0.109
  7     *        *        *        请求超时。
  8     *        *        *        请求超时。
  9     8 ms     7 ms     8 ms     101.4.116.38
 10     9 ms    11 ms    11 ms     101.4.118.154
 11     *       15 ms    11 ms     xnlz0.cernet.net [202.112.46.30]
```

图 1-1-6　从本机到目的地址要经过的部分路由截图

注意：可以使用常见网络命令来快速检测网络状况，判断网络故障。

（1）在命令行中输入"ping 127.0.0.1"，该地址是本地回送地址，如发现该地址无法 ping 通，就表明本机 TCP/IP 协议不能正常工作，此时应该检查本机的操作系统安装设置。

（2）如果本地回送地址能 ping 通，则可以输入"ipconfig"来查看本地的 IP 地址和默认网关，然后 ping 该 IP，如果能 ping 通则表明网络适配器（网卡或 Modem）工作正常，否则表明网络适配器出现故障，可尝试更换网卡或驱动程序；然后 ping 一台同网段计算机的 IP，如果不通则表明网络线路出现故障；若网络中还包含有路由器，则应先 ping 路由器在本网段端口的 IP，不通则表明此段线路有问题，应检查网内交换机或网线故障。

（3）如果内网计算机能 ping 通，则再 ping 网关，如不通，则是路由器出现故障；如能 ping 通，可能是路由器至交换机的网线故障。

（4）如果到路由器都正常，可再检测一个带 DNS 服务的网络，如果 ping 目标 IP 地址通，但 ping 网络名不通，则应该检查本机的 DNS 设置是否正确。

实验 2 以太网数据帧的构成分析

1. 实验名称

以太网数据帧的构成分析。

2. 实验目的

（1）分析以太网层的数据帧格式，了解各个字段的含义。
（2）掌握网络协议分析软件的基本使用方法，了解其基本特点。

3. 实验原理

以太网（Ethernet）是一种计算机局域网组网技术，早期应用总线型拓扑结构，现在逐渐被以交换机为核心的星型网络所代替。以太网的核心设计思想是使用共享的公共传输信道（如同轴电缆和多端口集线器、网桥或交换机等设备构建的信道）来传输数据。因为在物理媒体上传输的数据难免会受到各种不可靠因素的影响而产生差错，所以数据链路层的主要作用是将不可靠的物理层转变为一条无差错的链路。另外，数据链路层的数据传输单位是数据帧（Data Frame），高层的协议数据都将被封装在以太网帧的数据字段中进行发送。

以太网中的数据传送是基于广播方式的，所有的物理信号都将经过本网络所有的计算机。一般来讲，使用网络协议分析软件 Wireshark 可以截获不同网络层次的包，通过查看这些协议数据包中数据链路帧的各字段可以分析网络协议的内部机制。为了能更好地理解数据链路层的工作机制，下面先详细介绍如图 1-2-1 所示的以太网的帧结构。

目的地址 DMAC	源地址 SMAC	类型 TYPE	数据 DATA	帧校验 FCS
6	6	2	46～1500	4

图 1-2-1   以太网的帧结构

以太网帧各字段的含义如下：

（1）目的地址：6 个字节的目的物理地址标识帧要被发往的下一个设备。

（2）源地址：6 个字节的源物理地址标识帧的发送设备。

（3）类型：占 2 个字节，用于指示帧数据字段的高层协议类型。例如，若该字段值为 0x0800，就表示上层使用的是 IP 数据包；若该字段值为 0x0806，则帧数据部分为 ARP 协议的报文。

（4）数据：这是一个可变长度的字段，用于携带上层传下来的数据，最小长度为 46 个字节，最大长度为 1500 个字节。

（5）帧校验：长度为 4 个字节，包含一个循环冗余校验（CRC）码。校验范围是目的地址、源地址、类型和数据共 4 个字段。

4. 实验内容

（1）利用网络协议分析软件 Wireshark 抓取网络中发送的包。

（2）分析以太网帧格式。

（3）熟悉 TCP/IP 协议树结构。

5. 实验拓扑

（1）PCA 的 IP 地址为 192.168.121.1，子网掩码为 255.255.255.0。

（2）PCB 的 IP 地址为 192.168.121.129，子网掩码为 255.255.255.0。

网络连接拓扑图如图 1-2-2 所示。

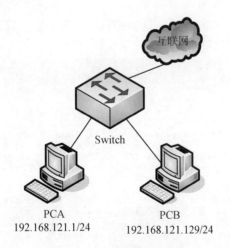

图 1-2-2　网络连接拓扑图

6. 实验设备

已联网的以太网环境及 2 台计算机。

7. 实验过程

（1）打开网络协议分析软件 Wireshark，成功运行后界面如图 1-2-3 所示。

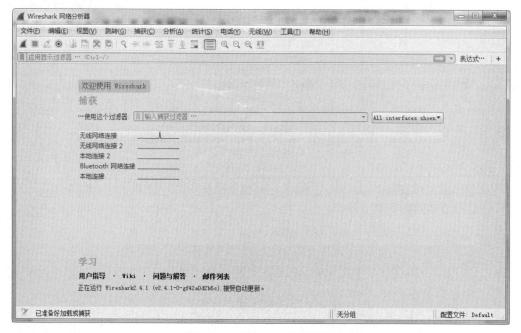

图 1-2-3　Wireshark 运行界面

　　从图 1-2-3 中可以看到本机上所有网络接口（包括物理接口和虚拟接口）的流量状态。如图 1-2-3 所示，本机正在使用无线网卡，因此"本地连接"的流量显示为一条平整的直线（这意味着无流量经过有线网卡），"无线网络连接"的流量则显示为一个浮动波形图（这意味着流量正在经过无线网卡中传输）。

　　（2）双击需要抓包的网卡即可进入数据流量捕获的界面。例如，双击图 1-2-3 中的"无线网络连接"，即可获得如图 1-2-4 所示的流量统计情况。

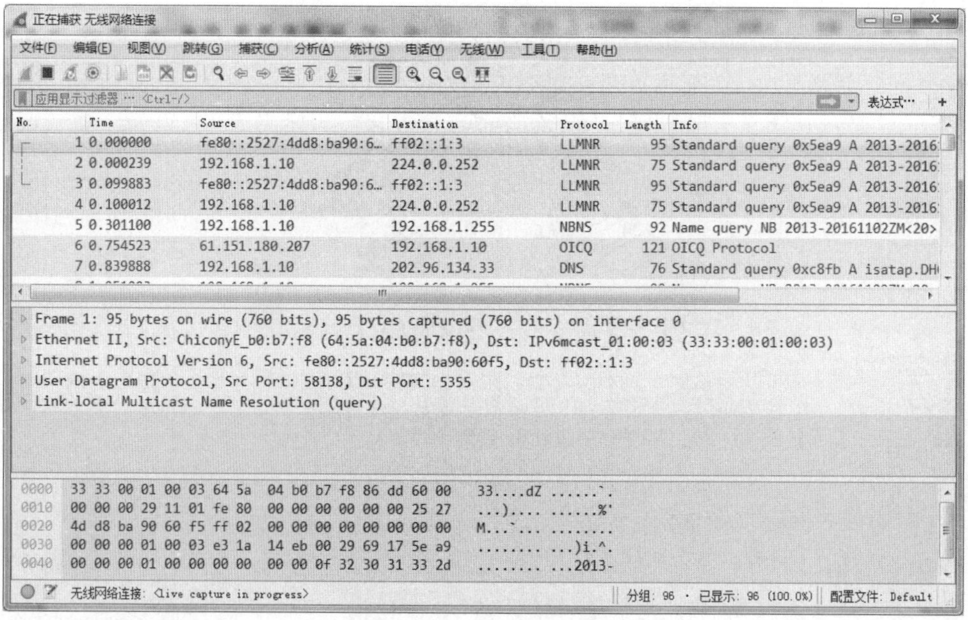

图 1-2-4　数据流量捕获界面

（3）由于捕获的数据流量非常多、协议种类非常复杂，所以图 1-2-4 中显示的数据非常多。我们可以使用"应用显示过滤器"来筛选所需要的数据。例如，在图 1-2-5 的"应用显示过滤器"中（工具栏下方横框位置）输入"ip.addr == 192.168.121.129"，这样就只显示与 IP 地址 192.168.121.129 相关的数据流量。因为 Wireshark 仍处在工作状态，所以数据流量正不断被它捕获。

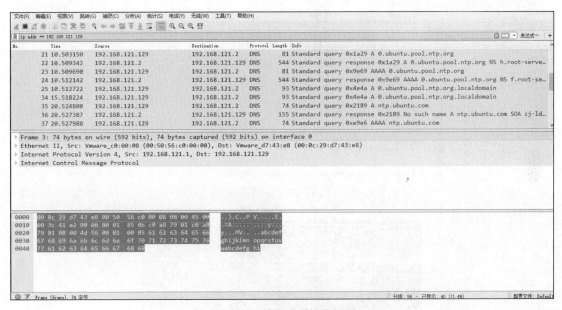

图 1-2-5　数据流量捕获界面

（4）下面来完成一个新的数据抓捕任务。先使用菜单栏中的"停止捕获分组"停止 Wireshark 当前的抓捕工作，然后再使用"开始捕获分组"启动 Wireshark 开始新的抓捕工作。Wireshark 会弹出如图 1-2-6 所示的对话框，单击"继续，不保存"按钮将原来的结果清空，如图 1-2-7 所示。

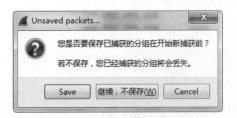

图 1-2-6　数据保存提示对话框

（5）打开"命令提示符"窗口，使用 ping 命令测试本机与对端计算机（192.168.121.129）的连通性，如图 1-2-8 所示。

在使用"ping 192.168.121.129"命令测试本机与对端计算机的连通性时，本机向对端计算机（192.168.121.129）发送 4 个 ICMP 数据包，对端计算机（192.168.121.129）也会向本机发送 4 个应答报文。因此，这 8 个报文将被网络协议分析软件捕获。

（6）单击■按钮中断捕获进程，并在"应用显示过滤器"中输入"ip.addr == 192.168.121.129"，仅显示与 192.168.121.129 相关的数据包，如图 1-2-9 所示。

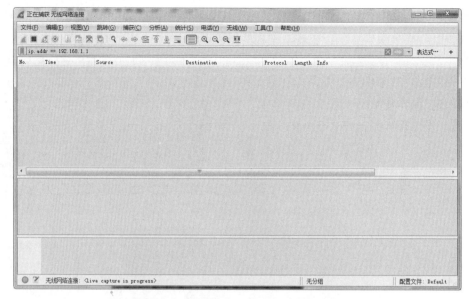

图 1-2-7　结果清空后的 Wireshark 界面

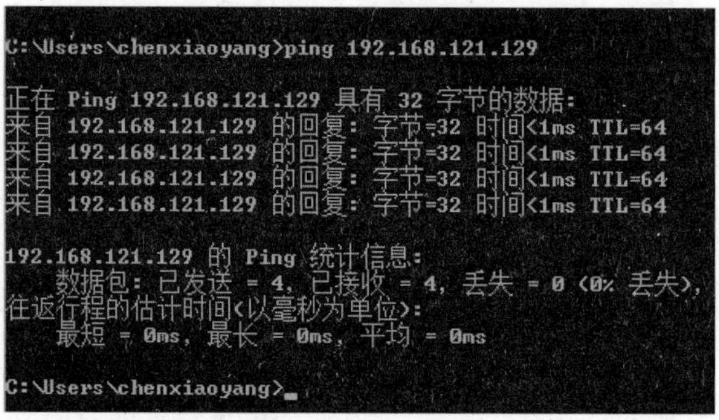

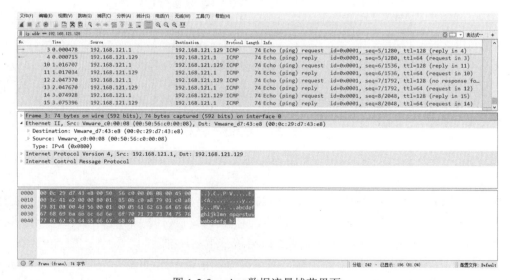

图 1-2-8　ping 命令执行结果

图 1-2-9　ping 数据流量捕获界面

在列表区域可以清楚地看到 8 个 ICMP 数据包。双击"Ethernet II"可查看每个数据包的帧信息，如图 1-2-9 所示，帧的长度为 74 字节，目的地址为 00:0c:29:d7:43:e8，源地址为 00:50:56:c0:00:08，类型为 IPv4（0x0800）。帧校验在进入网卡的时候已经完成，因此不会被捕获到。观察协议树区域中的以太网帧结构是否符合图 1-2-9 的 EthernetII 帧结构（由于抓包软件捕获到的帧已经在计算机的网卡处完成了帧校验，因此被抓包软件抓到的包是无法看到 FCS 的帧校验内容的）。

可以在"命令提示符"窗口中使用"ipconfig /all"命令查看本地计算机 192.168.121.1 的物理地址，其和捕获到的数据包中帧信息里的目的地址一致。也可以用"arp -a"查看计算机 192.168.121.129 的物理地址，如图 1-2-10 所示。

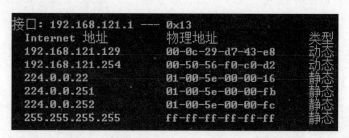

图 1-2-10　查看 192.168.121.1 地址 ARP 缓存信息

（7）根据上面的数据抓捕过程来完成另一个数据抓捕任务：用浏览器浏览百度首页（www.baidu.com），查看捕获到的数据包。过滤出 HTTP 协议的数据包，记录第一个 HTTP 协议数据包的以太网数据帧的三个字段（目的硬件地址、源硬件地址、协议）的值（过滤 HTTP 协议的数据包，只需在"应用显示过滤器"中输入"http"即可）。

（8）对浏览网页的 DNS 包进行捕获，捕获到的数据包如图 1-2-11 所示，可以看出该协议类对应的值为 0x0800，是 IP 协议。

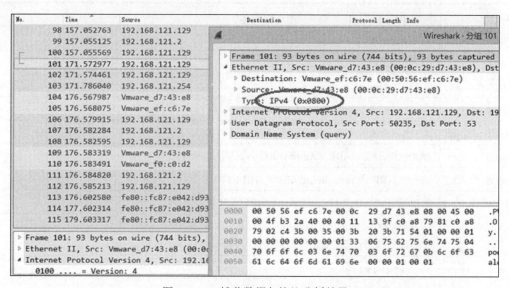

图 1-2-11　捕获数据包协议分析结果

（9）对广播包的分析如图 1-2-12 所示，可以看出广播的目的 MAC 地址为 ff:ff:ff:ff:ff:ff。

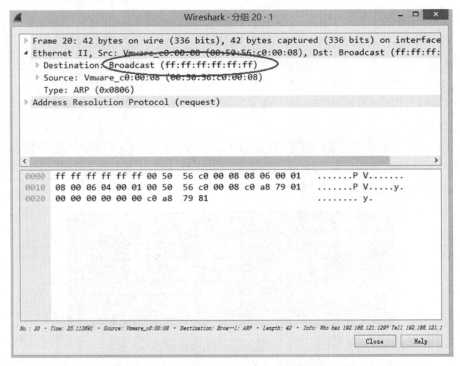

图 1-2-12　捕获数据包广播 MAC 地址分析结果

注意：表 1-2-1 所示为以太网数据帧中 type 字段各个值的含义。

表 1-2-1　以太网数据帧 type 参考表

Ethertype（十六进制）	协议
0x0800	网际协议（IP）
0x0801	X.75 Internet
0x0802	NBS Internet
0x0803	ECMA Internet
0x0804	Chaosnet
0x0805	X.25 Level 3
0x0806	地址解析协议（ARP：Address Resolution Protocol）
0x0808	帧中继 ARP（Frame Relay ARP）　[RFC1701]
0x6559	原始帧中继（Raw Frame Relay）　[RFC1701]
0x8035	动态 RARP（DRARP：Dynamic RARP） 反向地址解析协议（RARP：Reverse Address Resolution Protocol）
0x8037	Novell Netware IPX
0x809B	EtherTalk
0x80D5	IBM SNA Services over Ethernet

Ethertype （十六进制）	协议
0x80F3	AppleTalk 地址解析协议（AARP：AppleTalk Address Resolution Protocol）
0x8100	以太网自动保护开关（EAPS：Ethernet Automatic Protection Switching）
0x8137	因特网包交换（IPX：Internet Packet Exchange）
0x814C	简单网络管理协议（SNMP：Simple Network Management Protocol）
0x86DD	网际协议 v6（IPv6：Internet Protocol version 6）
0x880B	点对点协议（PPP：Point-to-Point Protocol）
0x880C	通用交换管理协议（GSMP：General Switch Management Protocol）
0x8847	多协议标签交换（单播）MPLS：Multi-Protocol Label Switching <unicast>）
0x8848	多协议标签交换（组播）（MPLS：Multi-Protocol Label Switching <multicast>）
0x8863	以太网上的 PPP（发现阶段）（PPPoE：PPP Over Ethernet <Discovery Stage>）
0x8864	以太网上的 PPP（PPP 会话阶段）（PPPoE：PPP Over Ethernet<PPP Session Stage>）
0x88BB	轻量级访问点协议（LWAPP：Light Weight Access Point Protocol）
0x88CC	链接层发现协议（LLDP：Link Layer Discovery Protocol）
0x8E88	局域网上的 EAP（EAPOL：EAP Over LAN）
0x9000	配置测试协议（Loopback）
0x9100	VLAN 标签协议标识符（VLAN Tag Protocol Identifier）
0x9200	VLAN 标签协议标识符（VLAN Tag Protocol Identifier）

实验 3　ARP 地址解析协议分析

1. 实验名称

ARP 地址解析协议分析。

2. 实验目的

（1）掌握 ARP 协议的作用和数据报的格式。
（2）理解 IP 地址与 MAC 地址的对应关系。
（3）了解 ARP 命令。

3. 实验原理

ARP（Address Resolution Protocol）是地址解析协议的简称。在 TCP/IP 体系结构中，每个网络结点都要用 IP 地址标识，而 IP 地址只是一个逻辑地址，当 IP 数据包提交给以太网传输时，在以太网中是以 48 位的物理地址（MAC 地址）传输数据包而不是 32 位的 IP 地址。因此在发送数据前，如果只知道目的 IP 地址而不知道目的 MAC 地址，就要使用 ARP 协议去完成 IP 地址到 MAC 地址的转换。

ARP 协议的请求是以广播方式发送的，主机发送信息时将包含目标 IP 地址的 ARP 请求广播到网络上，本网段中的所有主机都会接收到这个包。如果一个主机的 IP 地址和 ARP 请求中的目的 IP 地址相同，该主机会对这个请求数据包做出 ARP 应答，将其 MAC 地址发送给请求端。其他 IP 地址不同的主机丢弃该包，不发反馈。

（1）ARP 请求或应答的报文格式如图 1-3-1 所示。

硬件类型		协议类型	
硬件地址长度	协议地址长度	操作类型	
发送方硬件地址			
发送方协议地址			
目的硬件地址			
目的协议地址			

图 1-3-1　ARP 报文格式

（2）ARP 报文封装在以太网数据链路的帧中传输，如图 1-3-2 所示。

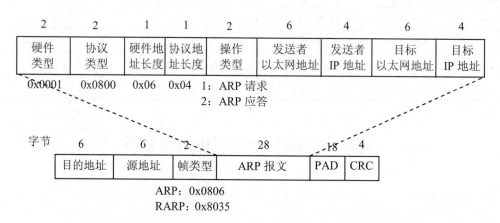

图 1-3-2　ARP 报文封装在以太网帧中的格式

（3）ARP 缓存和 ARP 命令。

为了使地址解析时的广播尽可能少，每台主机都维护一个名为"ARP 高速缓存"的本地列表。ARP 高速缓存的项目有网络地址（Internet Address）、物理地址和类型三个字段。网络地址和物理地址分别对应映射的 IP 地址和 MAC 地址，类型代表映射的类型，分为静态类型和动态类型。ARP 请求方和应答方都把对方的地址映射存储在 ARP 高速缓存中。

通过 ARP 实用程序，可以对 ARP 高速缓存进行查看和管理。ARP 命令可以显示或删除 ARP 高速缓存中的 IP 地址与物理地址的映射表项，而且还可以添加静态表项。ARP 命令的参数说明如图 1-3-3 所示。

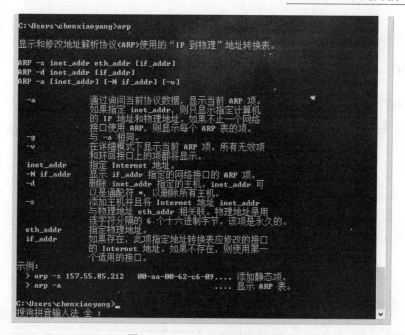

图 1-3-3 ARP 命令详细说明

4．实验内容

（1）使用 ARP 命令管理和维护 ARP 高速缓存的内容。

（2）捕获 ARP 包，分析 ARP 包交互的过程及其组成。

（3）分析 ARP 高速缓存的作用和影响。

5．实验拓扑

（1）PCA 的 IP 地址为 192.168.121.1，子网掩码为 255.255.255.0。

（2）PCB 的 IP 地址为 192.168.121.129，子网掩码为 255.255.255.0。

网络连接拓扑图如图 1-3-4 所示。

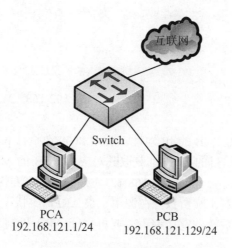

图 1-3-4 网络连接拓扑图

6. 实验设备

已联网的以太网环境及 2 台计算机。

7. 实验过程

（1）打开 PCA 的"命令提示符"窗口，输入"arp -a"命令，可查看 PCA 的 ARP 高速缓存的内容。

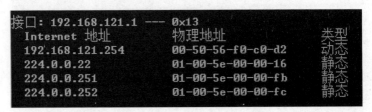

图 1-3-5　本地计算机的 ARP 高速缓存信息

（2）在"命令提示符"窗口中输入"arp -d"命令，清除 PCA 的 ARP 高速缓存的内容；再输入"arp -a"命令，可查看 PCA 的 ARP 高速缓存的新内容，如图 1-3-6 所示。比较图 1-3-5 和图 1-3-6，可以发现 PCA 的 ARP 高速缓存的两次查看结果不同。

图 1-3-6　删除 ARP 高速缓存信息后的结果

（3）下面来完成 ARP 数据包的抓取任务。在 PCA 上打开网络协议分析软件 Wireshark，在"应用显示过滤器"中输入"arp"，如图 1-3-7 所示，双击需要进行数据包捕获的网卡，进入抓包界面，网络协议分析软件 Wireshark 开始捕获数据。

文件(F)　编辑(E)　视图(V)　跳转(G)　捕获(C)

arp

图 1-3-7　输入所需查询的协议过滤

（4）在 PCA 的"命令提示符"窗口中输入"ping 192.168.121.129"命令，执行 ping PCB 的操作。

因为 ping 命令的参数为 PCB 的 IP 地址，所以 PCA 在执行 ping 操作向 PCB 发送数据前会自动调用 ARP 机制，根据目的 IP 地址获取其对应的 PCB 的 MAC 地址，这个过程用户是无法感知的。如图 1-3-8 所示，ping 192.168.121.129 第一个包的延时约 422ms，这是由本机使用 ARP 包寻找 192.168.121.129 所致。在调用一次 ARP 机制后，本机会将该 ARP 信息存入本地 ARP 高速缓存，使得后续的发送都不需要再执行 ARP 机制，所以后续的延时都在 1ms 以内。

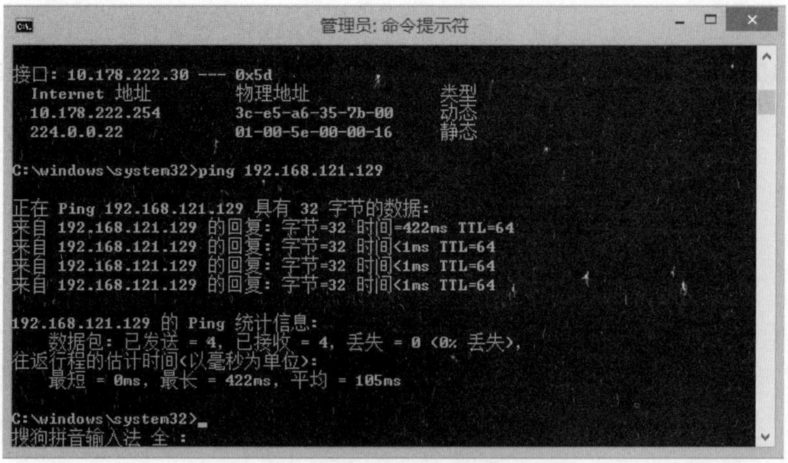

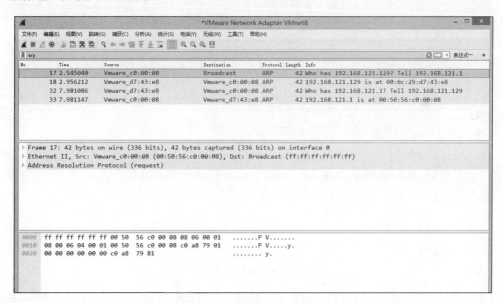

图 1-3-8　ping 命令执行结果

（5）因为在执行 ping 命令前已经启动网络数据包捕获，所以网络协议分析软件 Wireshark 能够捕获到 ARP 解析数据包。单击■按钮中断 Wireshark 的捕获进程，主界面显示捕获到的 ARP 数据包，如图 1-3-9 所示。

图 1-3-9　查看 ARP 数据包信息

（6）观察如图 1-3-10 所示的 ARP 数据包，来分析 PCA 根据 IP 地址 192.168.121.129 查找 PCB 的 MAC 地址的过程。

1）PCA（192.168.121.1）向全网广播，寻找 IP 地址为 192.168.121.129 的主机的 MAC 地址。参考图 1-3-9 的抓包分析图，可以看出第一个 ARP 广播包的信息内容是"谁是 192.168.121.129？请告诉 192.168.121.1"。

2）PCB（192.168.121.129）收到该 ARP 广播后，便向 PCA（192.168.121.1）回复自己的 MAC 地址，告知 PCA 自己的 IP 是 192.168.121.129，PCA 收到 PCB 的回复后，会将 PCB 的 MAC 地址和 IP 地址关系存入自己的 ARP 高速缓存中。

3）此时 PCA 的 ARP 高速缓存里已经有了 PCB 的 MAC 地址，但是 PCB 的 ARP 高速缓存中仍未有 PCA 的 MAC 地址。因此，PCB 会重新向 PCA 确认 PCA 的 IP 地址是否为192.168.121.1（从第 3 个 ARP 数据包得知）。PCA 回复 PCB 的 ARP 请求，告知 PCB 自己就是 192.168.121.1（从第 4 个 ARP 数据包得知）。此时 PCA 与 PCB 的 ARP 高速缓存里都有了对方的 MAC 地址，完成了 ARP 请求与回复的过程。

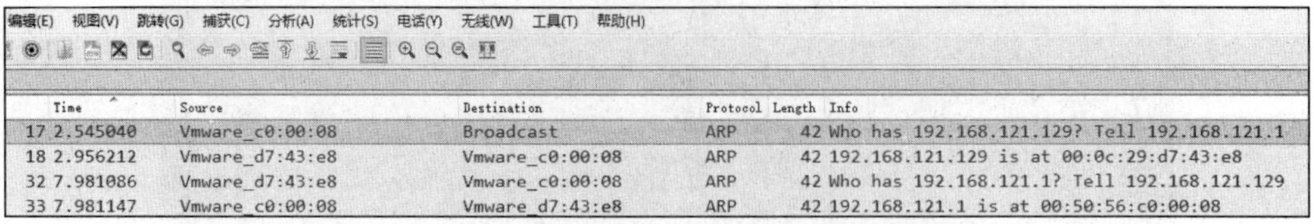

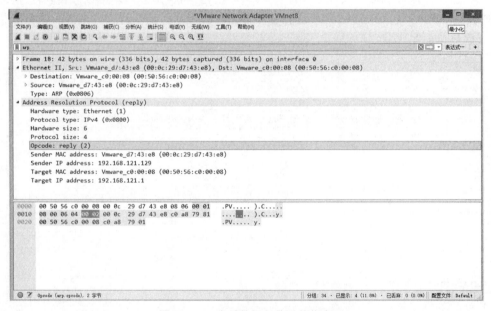

图 1-3-10　捕获 ARP 数据包截图

（7）单击协议书中的 ARP 查看具体某个 ARP 数据包的详细信息，如图 1-3-11 所示是第2 个 ARP 数据包的详细信息。

图 1-3-11　查看数据包的具体信息

（8）下面来完成另外一个任务：在 PCA 的 ARP 高速缓存中添加一条静态记录"192.168.121.129 01:e0:11:01:6d:90"，然后测试 PCA 是否还能跟 PCB 通信。

（9）先在主机 PCA 的"命令提示符"窗口中输入"arp -d"命令清空 PCA 的 ARP 高速缓存，再输入"arp -s 192.168.121.129 01:e0:11:01:6d:90"（如图 1-3-12 所示），即可在 PCA 的ARP 高速缓存中添加一条新的记录（如图 1-3-13 所示）。

（10）在 PCA 的"命令提示符"窗口中输入"ping 192.168.121.129"来测试跟 PCB 的通信情况，结果如图 1-3-14 所示，表明 PCA 跟 PCB 无法通信。其原因是我们手动在 PCA 的 ARP高速缓存中添加了一条静态记录，这实际是让 PCB 的 IP 地址 192.168.121.129 指向了错误的MAC 地址 01:e0:11:01:6d:90，因此当 PCA ping PCB 时会使用这条不正确记录中的 MAC 地址，导致 PCB 无法收到 PCA 的 ICMP 数据包，通信失败。

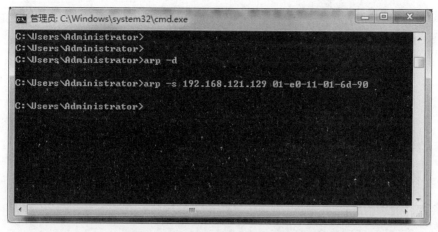

图 1-3-12　添加静态 ARP 缓存记录

图 1-3-13　清空原缓存后添加新的静态 ARP 缓存记录

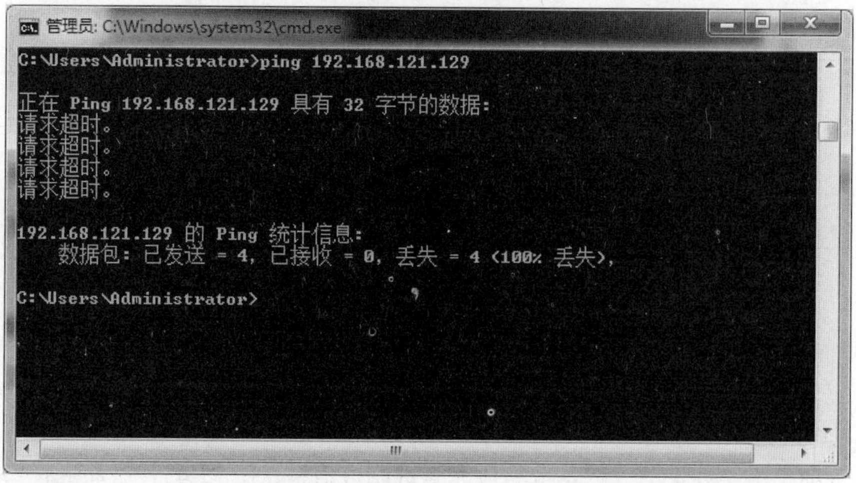

图 1-3-14　ping 命令执行结果

（11）再次使用"arp -d"命令清空 PCA 的 ARP 高速缓存，然后再去 ping PCB，则会像第一个任务一样，PCA 重新发出 ARP 请求，建立各自的 ARP 信息，最终完成通信。

实验 4　IP 协议数据报格式分析

1．实验名称

IP 协议数据报格式分析。

2．实验目的

（1）理解 IP 协议的作用。
（2）掌握 IP 数据报首部各字段的含义。
（3）掌握分析 IP 数据报的方法。

3．实验原理

网际协议（Internet Protocol）是 TCP/IP 协议簇中网络层的核心协议，IP 数据报格式如图 1-4-1 所示。

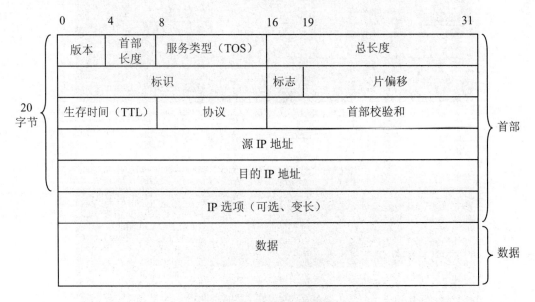

图 1-4-1　IP 数据报格式

IP 数据报首部的固定部分中各字段的含义如下：

（1）版本：占 4 位，指 IP 协议的版本。通信双方使用的 IP 协议版本必须一致。若使用的是 IPv4，则该版本号为 4。

（2）首部长度：占 4 位，可表示的最大十进制数值是 15，以 4 字节为基本单位。最常用的首部长度是 20 字节（即首部长度为 0101），IPv4 的最大首部长度是 60 字节（即 15×4）。

（3）服务类型：占 8 位，3 位（优先权）+4 位（类型：最小延迟、最大吞吐量、最高可靠性、最小费用）+ 1 位（未用，置 0）。只有在使用区分服务时，这个字段才起作用。

（4）总长度：总长度指首部及数据的长度之和，单位为字节。因为该字段为 16 位，所以数据报的最大长度为 2^{16}-1=65535 字节。在 IP 层下面的每一种数据链路层都有自己的帧格式，其中包括帧格式中的数据字段的最大长度，即最大传送单元 MTU（Maximum Transfer Unit）。当一个数据报封装成链路层的帧时，此数据报的总长度一定不能超过下面的数据链路层的 MTU 值。如果超过，要将该数据报分片。

（5）标识（Identification）：占 16 位。IP 软件在存储器中维持一个计数器，每产生一个数据报，计数器就加 1，并将此值赋给标识字段。但这个"标识"并不是序号，因为 IP 是无连接的服务，数据报不存在按序接收的问题。当数据报由于总长度超过底层网络的 MTU 而必须分片时，这个标识字段的值就被复制到所有分片的标识字段中。相同标识字段的值，使各数据分片最后能正确地重装成为原来的数据报。

（6）标志（Flag）：占 3 位，但目前只有 2 位有意义。标志字段中的最低位记为 MF（More Fragment），MF=1 表示该分片后面还有分片，MF=0 表示这已是若干数据分片中的最后一个。该标志字段中间的 1 位记为 DF（Don't Fragment），DF=1 表示该数据报不能分片，只有当 DF=0 时才允许分片。

（7）片偏移：占 13 位。当较长的分组在分片后，用来指明某片在原分组中的相对位置，也就是相对用户数据字段的起点，或者说该片从何处开始。该字段以 8 个字节为偏移单位，这意味着某个分组在分片时，前面每片的长度一定是 8 字节的整数倍。

（8）生存时间（Time To Live，TTL）：占 8 位。该字段表明数据报在网络中的寿命，由发出数据报的源点负责设置。其目的是防止无法交付的数据报在因特网中循环传输，白白消耗网络资源。每经过一个路由器时，就把 TTL 值减 1，当 TTL 值为 0 时，就丢弃这个数据报。

（9）协议：占 8 位。该字段指出此数据报携带的数据是使用何种协议，以便使目的主机的 IP 层明确应将数据部分上交给哪个处理进程。例如 6 表示 TCP 协议，1 表示 UDP 协议。

（10）首部校验和：占 16 位。这个字段只校验数据报的首部，不包括数据部分。这是因为数据报每经过一个路由器，首部中的一些字段，如生存时间、标志、片偏移等都可能发生变化，这就要重新计算首部校验和。在计算首部校验和时不校验数据部分，可减少计算的工作量。

（11）源 IP 地址：占 32 位。存放发送方的 IP 地址。

（12）目的 IP 地址：占 32 位。存放接收方的 IP 地址，是 IP 数据报传输的依据。

4．实验内容

捕获 IP 数据报，分析其中的组成。

5．实验拓扑

（1）路由器的内网 IP 地址为 10.178.222.254。

（2）计算机 IP 地址为 10.178.222.30，子网掩码为 255.255.255.0，网关为 10.178.222.254。网络连接拓扑图如图 1-4-2 所示。

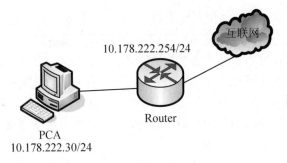

图 1-4-2　网络连接拓扑图

6．实验设备

已联网的计算机及以太网环境。

7．实验过程

（1）打开网络协议分析软件 Wireshark，如图 1-4-3 所示，因为本机正在使用无线网卡，所以双击 WLAN 即可进入无线网卡的抓包模式。

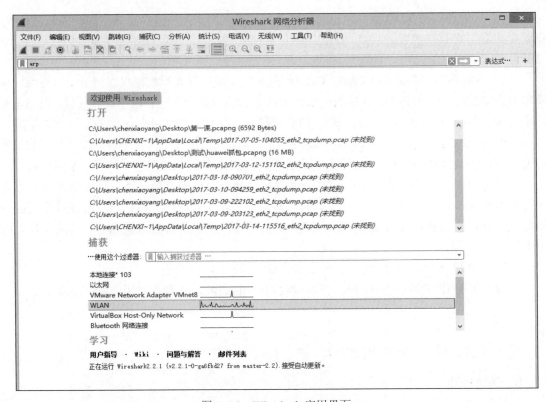

图 1-4-3　Wireshark 应用界面

（2）浏览外部网站，确保网络协议分析软件 Wireshark 能够捕获足够的网络数据报。过一段时间后单击■按钮,中断网络协议分析软件的捕获进程,主界面显示了捕获到的数据报(此处使用了显示过滤器，只显示访问网页的 HTTP 协议的数据报)，如图 1-4-4 所示。

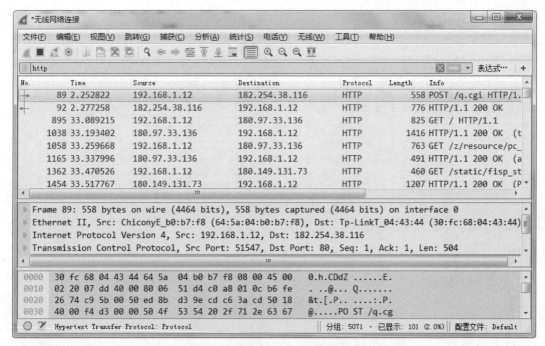

图 1-4-4　捕获 HTTP 协议报文信息

（3）大部分高层协议都使用 IP 协议进行网络传输，只有 ARP 和 RARP 报文不被封装在 IP 数据报中。双击图 1-4-4 中的某个数据报记录，即可查看包内的相关信息，如图 1-4-5 所示。

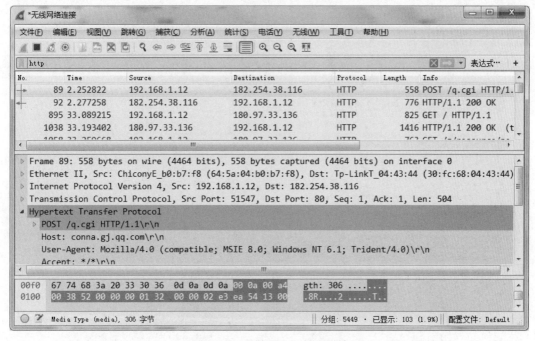

图 1-4-5　具体 HTTP 报文详情

（4）在 Wireshark 的显示过滤器中输入"ip"，得出如图 1-4-6 所示的过滤结果。

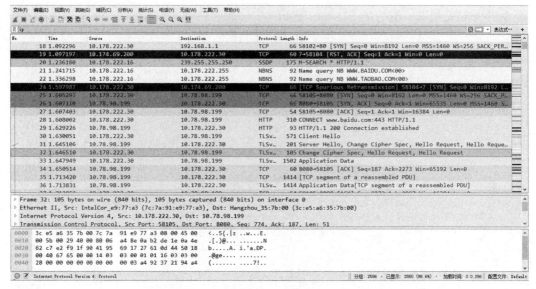

图 1-4-6　捕获 IP 协议报文信息

（5）分析其中一个分组的 IP 报文的结构，如图 1-4-7 所示，详情如下：

1）源 IP 地址：10.178.222.30。

2）目的 IP 地址：10.78.98.199。

3）协议类型：IPv4。

4）IP 包头部长度：20 bytes。

5）IP 包总长度：296 bytes。

6）生存期 TTL：128。

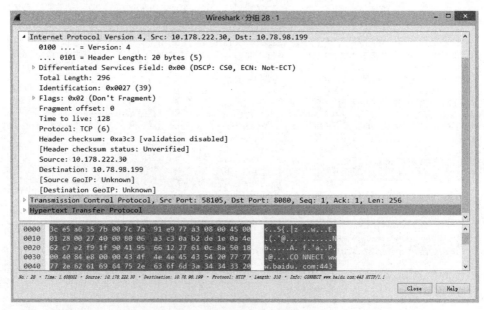

图 1-4-7　具体 IP 报文详情

（6）IP 头校验：未验证。因为 IP 头校验在网卡上进行，不在网络协议分析软件上进行。

实验 5　ICMP 协议数据报格式分析

1．实验名称

ICMP 协议数据报格式分析。

2．实验目的

（1）理解 ping 命令执行过程中 ICMP 的发送过程。
（2）理解 ICMP 协议与 IP 协议的封装关系。
（3）掌握 ICMP 数据报首部各字段的含义。

3．实验原理

　　网络层的 IP 协议是一个无连接协议，提供的是不可靠的服务，在交付和转发过程中经常会出现丢包等异常情况。因此在网络传输过程中，可能会发生许多突发事件导致数据传输失败。怎样向源端反馈数据在网络中传输的各种状况便成为网络运行过程中需要解决的问题。

　　网际控制报文协议 ICMP 正是在这样的背景下被提出的。ICMP 工作在 OSI 的网络层，是 IP 协议的补充，用于在 IP 主机与路由器之间传递控制信息，比如网络连通的状况、路由是否可用、主机是否可达等。ICMP 与 IP 协议位于同一个层次（网络层），ICMP 报文将 IP 层数据报的数据加上数据报的首部组成 IP 数据报发送出去。

　　ICMP 报文由首部和数据段组成。首部为定长的 8 个字节，前 4 个字节是通用部分，后 4 个字节随报文类型的不同有所差异。ICMP 报文的一般格式如图 1-5-1 所示。

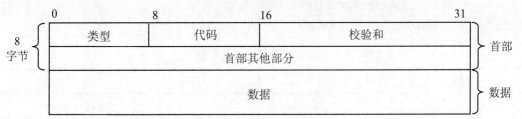

图 1-5-1　ICMP 报文格式

ICMP 报文有两种，即 ICMP 差错报告报文和 ICMP 询问报文，如表 1-5-1 所示。

表 1-5-1　两种常用的 ICMP 报文类型

种类	类型的值	描述
差错报告报文	3	目的端不可达
	4	源点抑制
	11	超时
	12	参数问题
	5	改变路由

种类	类型的值	描述
询问报文	8 或 0	回送请求或回答
	13 或 14	时间戳请求或回答

在网络的日常工作中，有些命令如 ping 和 tracert 是利用 ICMP 协议工作的。下面来看看这两个命令的工作原理。

（1）ping 命令的实现原理。

ping 命令的主要作用是检测目标主机是否可达，它是基于 ICMP 来完成具体工作的。ping 命令给目标主机发送一个 ICMP 回显请求报文，要求目标主机收到该报文后给予回显，并等待目标主机回显的 ICMP 应答。若收到对方发来的 ICMP 应答则表示目标主机是可达的。

但这里要强调的是，收不到目标主机发来的 ICMP 应答并不一定表示这个主机不在网络中，因为目标主机可能做了防御（比如安装了防火墙等），禁止对 ICMP 回显请求报文做出反应，所以，ping 不通目标主机也不能说明该主机的其他服务（如 FTP、HTTP、Telnet 等）不能使用。

（2）tracert 命令的实现原理。

tracert 命令用来跟踪一个消息从一台计算机发送到另一台计算机时在网络中所走的路径，它使用了 ICMP 的超时和目的端不可达两种差错报告报文。

ICMP 的超时报文通常在两种情况下产生：一种是数据报转发超时，即在网络传输 IP 数据报的过程中，当路由表将 IP 数据报的生存时间字段值 TTL 减为 0 时，为防止该数据报在网络中无休止地传输，路由器会丢弃当前的数据报，并产生一个 ICMP 超时差错报文发送给源主机；另一种是数据报重组超时，即如果接收方在预先规定的时间内没有收到一个 IP 数据报的全部分片，就会丢弃当前已经收到的其他分片，然后产生一个超时差错报文发送给源主机。表 1-5-2 所示为两种超时报文的类型和代码值。

表 1-5-2　超时报文类型

类型	报文	代码	描述
11	超时	0	数据报转发超时
		1	数据报重组超时

tracert 命令在工作时从源主机向目的主机发送一连串的 IP 数据报，并利用每个数据报的 TTL 字段不同和设置非法的端口号来完成路径探测，具体过程如下：

1）设置源主机要发送的第一个 IP 数据报的生存时间 TTL 为 1。传输路径上的第一个路由器收下该数据报，将 TTL 减 1。当 TTL 等于 0 时，该路由器将收到的数据报丢弃，并向源主机发送类型为 11 的超时差错报文，源主机收到该消息后，便知道该路由器存在于这个路径上。

2）源主机再发送第二个数据报，设置其 TTL 为 2，每到达一个路由器都将 TTL 减 1，这样可以发现第 2 个路由器，通过每次要发送数据报的 TTL 加 1 来发现另一个路由器，一直重复该动作就能找到最后一个路由器。

3）源主机发送最后一个数据报，给其设置非法的端口号。在达到目的主机后，因为数据报中设置的端口号非法而无法交付,所以目标主机会向源主机发送类型为 3 的目的端不可达差错报文。这样源主机就知道了到达目的端主机的路径信息。

4．实验内容

（1）执行 ping 命令，截获报文。

（2）分析不同类型的 ICMP 报文，理解其具体意义。

（3）验证几种最常见的 ICMP 协议执行过程，包括在目的端不可达和超时情况下发出的 ICMP 差错报文，回送请求和回答的 ICMP 报文。

5．实验拓扑

（1）PCA 的 IP 地址为 192.168.121.1，子网掩码为 255.255.255.0。

（2）PCB 的 IP 地址为 192.168.121.129，子网掩码为 255.255.255.0。

网络连接拓扑图如图 1-5-2 所示。

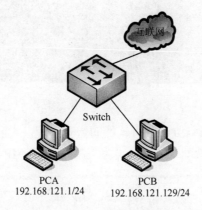

图 1-5-2　网络连接拓扑图

6．实验设备

已联网的以太网环境及 2 台计算机。

7．实验过程

（1）打开网络协议分析软件 Wireshark，成功运行后界面如图 1-5-3 所示，双击需要进行数据报捕获的网卡，进入抓包界面。

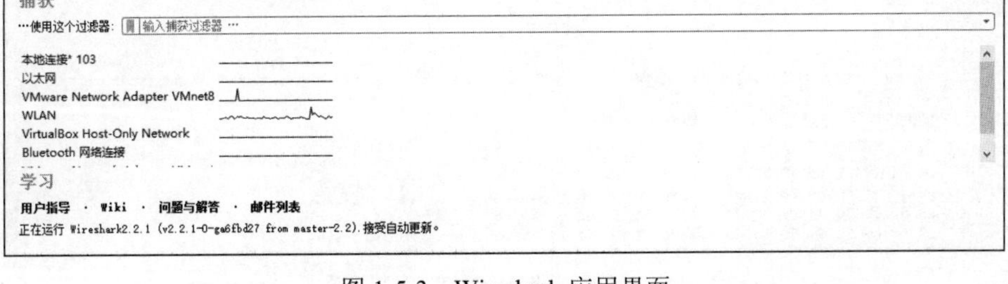

图 1-5-3　Wireshark 应用界面

（2）打开"命令提示符"窗口，输入"ping 192.168.121.129"命令测试本机与同网段计算机（192.168.121.129）的连通性。在使用 ping 命令测试本机与网关的连通性时，本地计算机向对端计算机发送 4 个 ICMP 数据报，对端计算机也会向本地计算机发送 4 个应答报文。因此，这 8 个报文将被网络协议分析软件捕获。

图 1-5-4　ping 命令执行结果

（3）单击■按钮，中断网络协议分析软件的捕获进程，主界面显示捕获到的 ICMP 数据报。观察协议树区中 ICMP 数据报的结构，发现它们符合 ICMP 请求与应答的报文格式。

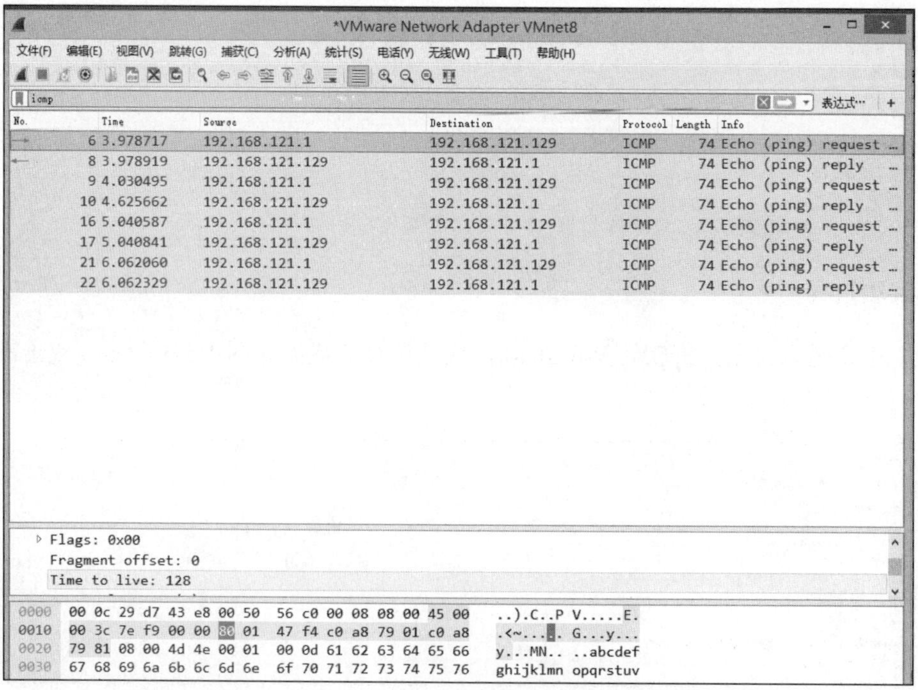

图 1-5-5　捕获的 ICMP 报文界面

（4）当单击软件中标记为 22 号的报文时，可以看到如图 1-5-6 所示的详细信息。

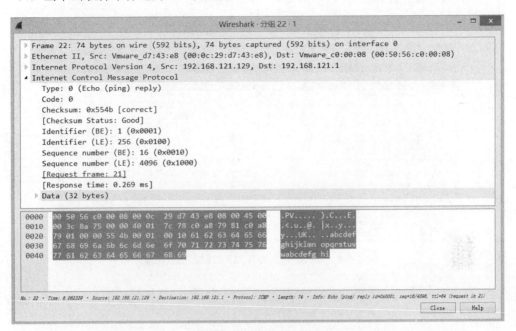

图 1-5-6　ICMP 报文详情

（5）重新开启网络协议分析软件的网络数据报捕获进程，在"命令提示符"窗口中输入"tracert www.sohu.com"执行追踪数据报传输路径的动作，执行结果如图 1-5-7 所示。过一段时间后，停止网络数据报捕获进程，捕获的数据报如图 1-5-8 所示。

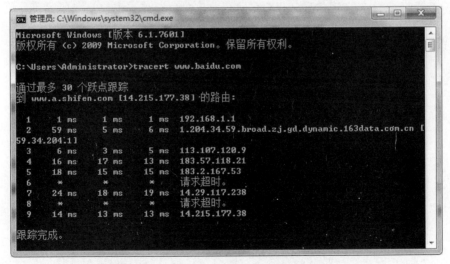

图 1-5-7　tracert 命令结果

（6）观察图 1-5-8 中捕获的 ICMP 数据报，可以发现它们都是"数据报超时报告"。可以通过分析捕获的 IP 数据报首部中的 TTL 字段来了解 tracert 命令的工作过程。分析图 1-5-9 和图 1-5-10 中数据报的字段值，图 1-5-9 的 TTL 为 1，图 1-5-10 的 TTL 为 2，说明 tracert 命令是通过不断增加 TTL 来探测途中结点的。

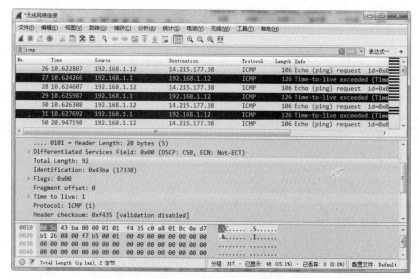

图 1-5-8 tracert 命令的 ICMP 数据报捕获结果

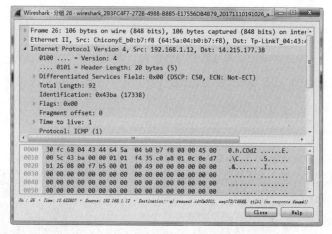

图 1-5-9 tracert 命令发出的第 1 个数据报

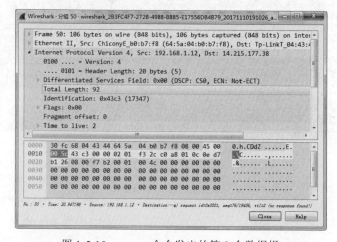

图 1-5-10 tracert 命令发出的第 2 个数据报

（7）重新开启网络协议分析软件的网络数据报捕获进程，在"命令提示符"窗口中输入"ping 127.0.0.1"执行 ping 操作。过一段时间后，停止网络数据报捕获进程，分析捕获的数据报。

重新开启网络协议分析软件的网络数据报捕获进程，在"命令提示符"窗口中输入"ping 192.168.121.1"执行 ping 操作。过一段时间后，停止网络数据报捕获进程，分析捕获的数据报。

从上述两个操作中发现"命令提示符"窗口中都有 ping 通的结果，但网络协议分析软件并不能捕获到 ICMP 数据报。这是因为这些数据报是不经过网卡的，而是环回驱动处理掉的，所以网络协议分析软件捕获不到。

ICMP 的类型和代码对照表如表 1-5-3 所示。

表 1-5-3　ICMP 的类型和代码对照表

类型	代码	描述
0	0	Echo Reply——回显应答（ping 应答）
3	0	Network Unreachable——网络不可达
3	1	Host Unreachable——主机不可达
3	2	Protocol Unreachable——协议不可达
3	3	Port Unreachable——端口不可达
3	4	Fragmentation needed but no frag. bit set——需要分片但不需要分片标记置位
3	5	Source routing failed——源站选路失败
3	6	Destination network unknown——目的网络未知
3	7	Destination host unknown——目的主机未知
3	8	Source host isolated (obsolete)——源主机被隔离（作废不用）
3	9	Destination network administratively prohibited——目的网络被强制禁止
3	10	Destination host administratively prohibited——目的主机被强制禁止
3	11	Network unreachable for TOS——由于服务类型 TOS，网络不可达
3	12	Host unreachable for TOS——由于服务类型 TOS，主机不可达
3	13	Communication administratively prohibited by filtering——由于过滤，通信被强制禁止
3	14	Host precedence violation——主机越权
3	15	Precedence cutoff in effect——优先中止生效
4	0	Source quench——源端被关闭（基本流控制）
5	0	Redirect for network——对网络重定向
5	1	Redirect for host——对主机重定向
5	2	Redirect for TOS and network——对服务类型和网络重定向
5	3	Redirect for TOS and host——对服务类型和主机重定向
8	0	Echo request——回显请求（ping 请求）
9	0	Router advertisement——路由器通告

续表

类型	代码	描述
10	0	Route solicitation——路由器请求
11	0	TTL equals 0 during transit——传输期间生存时间为 0
11	1	TTL equals 0 during reassembly——在数据报组装期间生存时间为 0
12	0	IP header bad (catchall error)——坏的 IP 首部（包括各种差错）
12	1	Required options missing——缺少必需的选项
13	0	Timestamp request (obsolete)——时间戳请求（作废不用）
14	0	Timestamp reply (obsolete)——时间戳应答（作废不用）
15	0	Information request (obsolete)——信息请求（作废不用）
16	0	Information reply (obsolete)——信息应答（作废不用）
17	0	Address mask request——地址掩码请求
18	0	Address mask reply——地址掩码应答

实验 6　TCP 协议数据报格式分析

1．实验名称

TCP 协议数据报格式分析。

2．实验目的

（1）理解 TCP 协议的作用。
（2）掌握 TCP 三次握手的过程。
（3）掌握 TCP 数据报各字段的含义及作用。

3．实验原理

传输控制协议（Transmission Control Protocol，TCP）是面向连接的、端到端的可靠传输协议，它支持多种网络应用程序。TCP 必须解决可靠性和流量控制的问题，它要为上层应用程序提供多个接口，同时为多个应用程序提供数据，因此也必须能够解决通信安全性的问题。

如图 1-6-1 所示，TCP 报文由首部和数据两部分组成，并封装到 IP 数据报中传输。

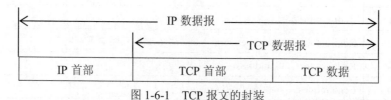

图 1-6-1　TCP 报文的封装

如图 1-6-2 所示为 TCP 报文段的详细格式。

图 1-6-2　TCP 报文段格式

每个字段的含义如下所示。

（1）源端口和目的端口字段：各占 2 字节。端口是运输层与应用层的服务接口，运输层的复用和分用功能都要通过端口才能实现。

（2）序号字段：占 4 字节。TCP 连接传送的数据流中的每一个字节都会编上序号，序号字段的值是指本报文段所发送数据的第一个字节的序号。

（3）确认号字段：占 4 字节，是期望收到的对方下一个报文段数据的第一个字节的序号。

（4）HLEN 字段：占 4 位，它指出首部长度，基本单位为 4 字节，TCP 首部长度一般是 20 字节。

（5）保留字段：占 6 位，保留为以后使用，但目前应置为 0。

（6）紧急比特 URG：当 URG=1 时，表明紧急指针字段有效，它告诉系统此报文段中有紧急数据，应尽快传送（相当于高优先级的数据）。

（7）确认比特 ACK：只有当 Ack=1 时确认号字段才有效，当 Ack=0 时确认号字段无效。

（8）推送比特 PSH（Push）：当 TCP 收到推送比特值为 1 的报文段时，会尽快交付给接收应用进程，而不是等到整个缓存都填满后再向上交付。

（9）复位位 RST（Reset）：当 RST=1 时，表明 TCP 连接中出现严重差错（如主机崩溃或其他原因），必须释放连接，然后再重新建立运输连接。

（10）同步位 SYN：当 SYN 值为 1 时，表示这是一个连接请求或连接接收报文。

（11）终止位 FIN（Final）：用来释放一个连接。当 FIN=1 时，表明此报文段发送端的数据已发送完毕，并要求释放运输连接。

（12）窗口字段：占 2 字节。窗口字段用来控制对方发送的数据量，单位为字节。TCP 连接的一端根据设置的缓存空间大小确定自己的接收窗口大小，然后通知对方以确定对方的发送窗口上限。

（13）校验和字段：占 2 字节。校验和字段校验的范围包括首部和数据两部分。在计算校验和时，要在 TCP 报文段的前面加上 12 字节的伪首部。

（14）紧急指针字段：全占 16 位。紧急指针指出在本报文段中的紧急数据最后一个字节的序号。

下面来介绍 TCP 建立连接时的三次握手。我们都知道 TCP 为了实现数据的可靠传输，采取了面向连接的传输方式，即在数据传输前先建立传输所使用的连接。如图 1-6-3 所示，有客户端和服务器 2 台设备要通信，在连接建立前，服务器首先被动打开其熟知的端口，然后持续对端口进行侦听，当客户端要和服务器建立连接时，使用一个临时端口向服务器发起连接请求，即进入三次握手的过程。

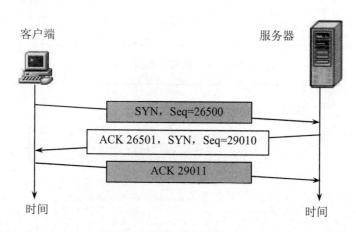

图 1-6-3　三次握手建立连接示意图

（1）第一次握手。由要建立连接的客户端向服务器发出连接请求报文段，该段首部的同步标志 SYN 被置为 1，并在首部中填入本次连接的客户端的初始段序号 SEQ，例如 Seq=26500。

（2）第二次握手。当服务器收到请求后，发回连接确认（SYN+ACK），该段首部中的同步标志 SYN 被置为 1，表示认可连接，首部中的确认标志 Ack 被置为 1，表示对所接收的段的确认，与 ACK 标志相配合的是准备接收的下一序号（ACK 26501），该段还给出了自己的初始序号（例如 Seq=29010），对请求段的确认完成了一个方向上的连接。

（3）第三次握手。客户向服务器发出确认段，段首部中的确认标志 Ack 被置为 1，表示对所接收段的确认，与 ACK 标志相配合的准备接收的下一序号被设置为收到的段序号 29010加 1（即 ACK 29011），完成了另一个方向上的连接。

4．实验内容

（1）捕获一个 TCP 报文段并分析其格式。

（2）利用捕获的数据报分析 TCP 三次握手的建立过程。

5．实验拓扑

（1）路由器的内网 IP 地址为 10.178.222.254。

（2）计算机 IP 地址为 10.178.222.26，子网掩码为 255.255.255.0，网关为 10.178.222.254。网络连接拓扑图如图 1-6-4 所示。

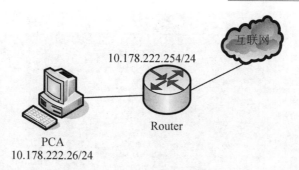

图 1-6-4　网络连接拓扑图

6. 实验设备

已联网的计算机及以太网环境。

7. 实验过程

（1）在计算机 PCA 上打开"命令提示符"窗口，输入"netstat -n"命令，执行后观察各 TCP 连接的状态，如图 1-6-4 所示，有些连接是 Established、Close_wait 或 Time_wait 的状态。

```
CL. 管理员: C:\Windows\system32\cmd.exe                              X

C:\Users\Administrator>netstat -n

活动连接

  协议    本地地址              外部地址              状态
  TCP    127.0.0.1:49187       127.0.0.1:49188       ESTABLISHED
  TCP    127.0.0.1:49188       127.0.0.1:49187       ESTABLISHED
  TCP    127.0.0.1:49189       127.0.0.1:49190       ESTABLISHED
  TCP    127.0.0.1:49190       127.0.0.1:49189       ESTABLISHED
  TCP    127.0.0.1:49295       127.0.0.1:49296       ESTABLISHED
  TCP    127.0.0.1:49296       127.0.0.1:49295       ESTABLISHED
  TCP    127.0.0.1:49297       127.0.0.1:49298       ESTABLISHED
  TCP    127.0.0.1:49298       127.0.0.1:49297       ESTABLISHED
  TCP    192.168.1.10:49161    183.61.49.150:8080    ESTABLISHED
  TCP    192.168.1.10:50685    183.2.196.145:80      CLOSE_WAIT
  TCP    192.168.1.10:50687    183.3.225.58:443      CLOSE_WAIT
  TCP    192.168.1.10:50960    59.37.96.250:80       ESTABLISHED
  TCP    192.168.1.10:51007    14.17.41.215:443      TIME_WAIT
  TCP    192.168.1.10:51008    113.105.73.147:80     TIME_WAIT
  TCP    192.168.1.10:51010    113.105.73.147:443    TIME_WAIT
  TCP    192.168.1.10:51011    183.61.239.22:80      TIME_WAIT
  TCP    192.168.1.10:51012    183.61.239.22:80      TIME_WAIT
  TCP    192.168.1.10:51013    183.61.239.22:80      TIME_WAIT
  TCP    192.168.1.10:51014    183.61.239.22:80      TIME_WAIT
  TCP    192.168.1.10:51015    183.61.239.33:80      TIME_WAIT
```

图 1-6-4　TCP 连接状态

（2）在计算机 PCA 的浏览器中先浏览 www.163.com 页面，再在"命令提示符"窗口中输入"netstat -n"命令，执行后观察各 TCP 连接的状态。图 1-6-5 所示为 PCA 浏览网易网站后的 TCP 连接状态，其中有些记录的外部地址"113.107.58.182"就是网易服务器的地址，表明本地主机跟网易服务器建立了 TCP 连接。

图 1-6-5　浏览网页时的 TCP 连接状态

（3）打开网络协议分析软件 Wireshark，如图 1-6-6 所示，因为本机正在使用无线网卡，所以双击 WLAN 即可进入无线网卡的抓包模式。

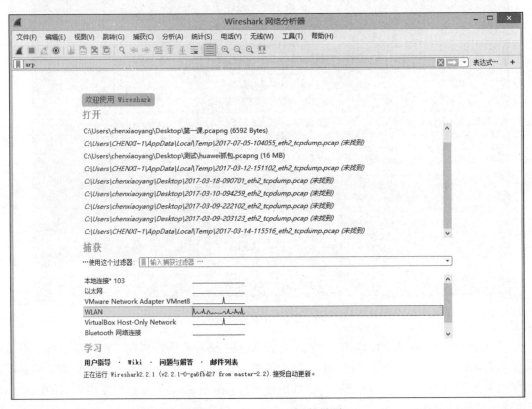

图 1-6-6　Wireshark 运行界面

（4）在浏览器中输入"www.baidu.com"，等待页面加载完成。

（5）单击网络协议分析软件的■按钮中断捕获进程，主界面显示捕获到的数据报如图 1-6-7 所示。

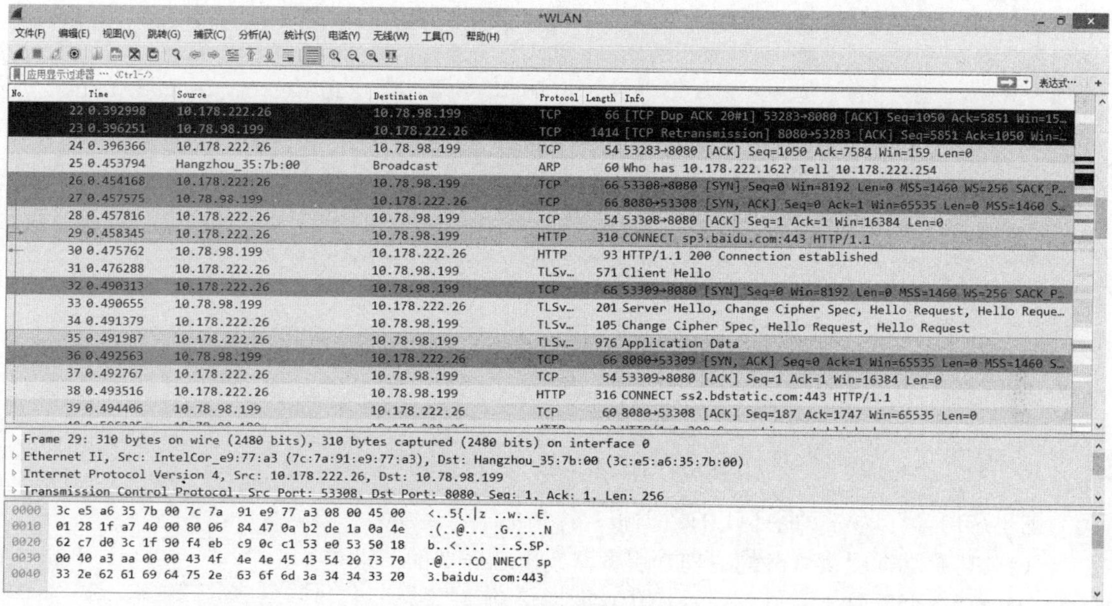

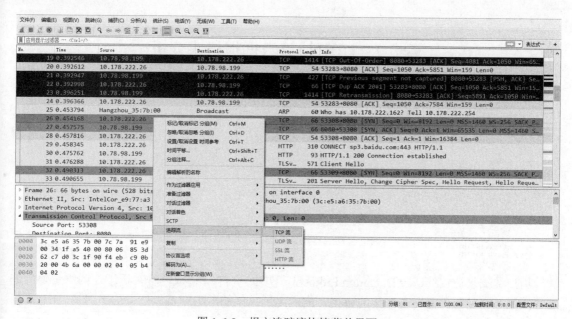

图 1-6-7　捕获的报文界面

（6）观察协议树区中的 TCP 数据报结构，它符合 TCP 报文格式。从会话中找出距离 HTTP 报文最近的 TCP 包，这些 TCP 包就是三次握手的数据报，对它们进行如图 1-6-8 所示的操作，即右击 TCP 数据报，在弹出的快捷菜单中选择"追踪流"→"TCP 流"，图 1-6-9 所示为对 TCP 的会话追踪结果。

图 1-6-8　报文追踪流快捷菜单界面

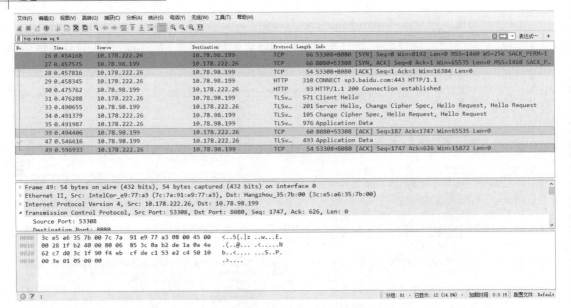

图 1-6-9　查询最近的 TCP 会话追踪结果

图 1-6-10 所示为二次握手用的数据报，详情如下：

（1）客户端向提供服务的 HTTP 服务器发出 Seq=0 的请求包。

（2）服务器回复 Seq=0，Ack=1 的 TCP 响应包。

（3）客户端收到服务器的响应后，回复 Seq=1，Ack=1 的 TCP 确认包，完成 TCP 三次握手。

No.	Time	Source	Destination	Protocol	Length	Info
26	0.454168	10.178.222.26	10.78.98.199	TCP	66	53308→8080 [SYN] Seq=0 Win=8192 Len=0 MSS=1460 WS=256 SACK_PERM=1
27	0.457575	10.78.98.199	10.178.222.26	TCP	66	8080→53308 [SYN, ACK] Seq=0 Ack=1 Win=65535 Len=0 MSS=1460 SACK_P...
28	0.457816	10.178.222.26	10.78.98.199	TCP	54	53308→8080 [ACK] Seq=1 Ack=1 Win=16384 Len=0

图 1-6-10　成功捕获的 TCP 三次握手数据报

实验 7　UDP 协议数据报格式分析

1．实验名称

UDP 协议数据报格式分析。

2．实验目的

（1）理解 UDP 协议的作用。

（2）掌握 UDP 数据报各字段的含义及作用。

3．实验原理

用户数据报协议（User Datagram Protocol，UDP）与 TCP 协议一样，用于在网络传输层处理数据报，它是一种面向无连接的协议，向应用层提供简单的不可靠信息传送服务。UDP 协议不提供数据报分组和组装，不能对数据报进行排序，也就是说，在 UDP 报文发送之后，是无法得知报文是否已准确到达目的地的。鉴于此特点，UDP 协议较为适合网络视频、音频、图片等多媒体数据的传输。UDP 协议从问世以来已经被使用了很多年，虽然其最初的光彩已经被一些类似协议所掩盖，但仍然是一项非常实用的网络传输层协议。

如图 1-7-1 所示，UDP 报文由首部和数据两部分组成，并封装到 IP 数据报中传输。

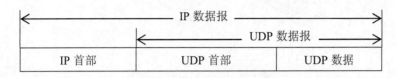

图 1-7-1　UDP 数据报的封装

UDP 数据报的详细格式如图 1-7-2 所示，每个字段的含义如下：

（1）最开始的两个字段是源端口和目的端口，源端口被发送方用于 UDP 数据报的发送，而目的端口则被接收方用于 UDP 数据报的接收。一般情况下，对外提供服务的目的端口都是注册的静态端口，而用于请求服务的源端口都是动态端口，这些动态端口是临时使用的，在通信结束后就被收回。因为 UDP 报头使用两个字节存放端口号，所以端口号的有效范围是从 0 到 65535。一般来说，端口号大于 49151 的都代表动态端口。

（2）长度是指包括报头和数据部分在内的总字节数。因为报头的长度是固定的，所以该字段主要被用来计算可变长度的数据部分（又称为数据负载）。数据报的最大长度根据操作环境的不同各有差异。从理论上说，包含报头在内的数据报最大长度为 65535 字节。不过，在一些实际应用中往往会限制数据报的大小，有时会降低到 8192 字节。

（3）UDP 协议使用报头中的校验和来保证数据的安全。校验和首先在数据发送方通过指定算法计算得出，接收方收到该 UDP 数据报之后还需要重新计算。如果某个数据报在传输过程中被第三方篡改或者由于线路噪音等原因受到损坏，发送方和接收方的校验计算值会不一样，由此可以检测 UDP 数据报是否出错。

源端口	目的端口
长度	校验和
数据	

图 1-7-2　UDP 数据报的格式

4．实验内容

（1）捕获一个 UDP 报文段。
（2）利用捕获的数据报分析 UDP 报文段的格式。

5．实验拓扑

（1）路由器的内网 IP 地址为 192.168.1.1。
（2）计算机 IP 地址为 192.168.1.11，子网掩码为 255.255.255.0，网关为 192.168.1.1。
网络连接拓扑图如图 1-7-3 所示。

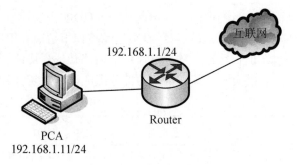

图 1-7-3   网络连接拓扑图

6. 实验设备

已联网的计算机及以太网环境。

7. 实验过程

根据学过的知识得知，DNS 域名服务是基于 UDP 协议传输数据的，所以只要使用域名去浏览某个网站即可捕抓到 UDP 数据报，本次实验将浏览百度页面。下面给出具体过程。

（1）打开网络协议分析软件 Wireshark，如图 1-7-4 所示，因为本机正在使用无线网卡，所以双击 WLAN 即可进入无线网卡的抓包模式。

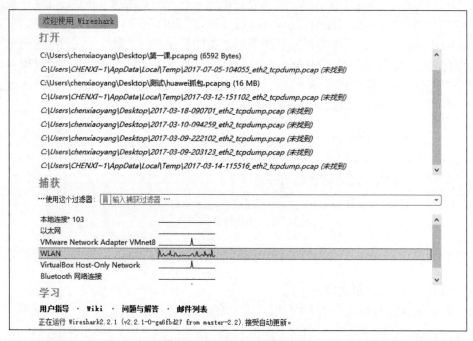

图 1-7-4   Wireshark 运行界面

（2）在浏览器的地址栏中输入"www.baidu.com"并等待百度页面加载完成。

（3）单击网络协议分析软件的 ■ 按钮中断捕获进程，主界面显示捕获到的数据报。然后在过滤器上输入"udp"对抓取到的数据报进行过滤，只显示 UDP 数据报，如图 1-7-5 所示。

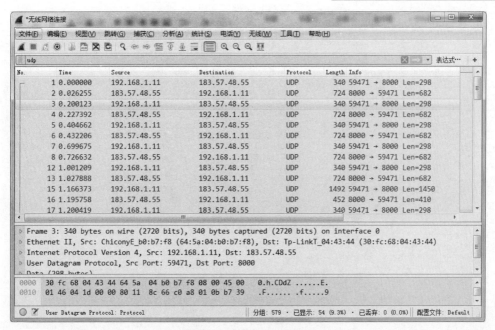

图 1-7-5　捕获的 UDP 报文

（4）双击任意 UDP 包可进入包的内容界面，点开"User Datagram Protocol"即可查看 UDP 数据报的字段内容，如图 1-7-6 所示，报文内容为 Source Port:59471，Destination Port:8000，Length: 306 和 Checksum:0xa0d9。

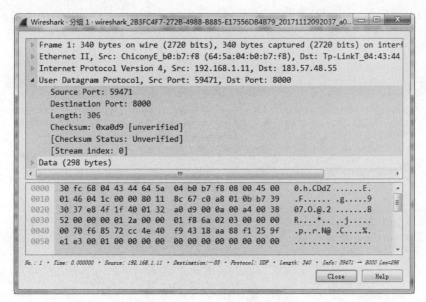

图 1-7-6　UDP 报文详情界面

（5）下面来追踪浏览百度页面时的域名解析过程，分析该过程产生的 UDP 数据报。由于本地主机使用的 DNS 服务器为 202.96.128.86，所以在主界面的过滤器上输入"ip.addr == 202.96.128.86"对抓取到的数据报进行过滤，只显示跟 202.96.128.86 相关的数据报，如图 1-7-7 所示。

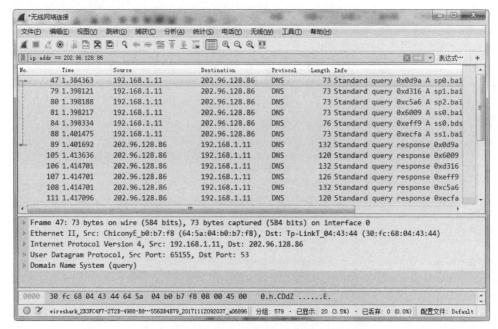

图 1-7-7　浏览百度页面时捕获的 DNS 数据报

（6）经追踪发现，捕获的第 47 个和第 89 个 DNS 数据报是对应的。第 47 个是 DNS 的请求包（DNS query），如图 1-7-8 所示，它的源端口是 65155，目的端口是 53（该端口正是用来做 DNS 解析的），源地址是 192.168.1.11（即本机地址），目的地址是 202.96.128.86（即 DNS 服务器地址）；而第 89 个是 DNS 的响应包（DNS response），如图 1-7-9 所示，它的源端口是 53，目的端口是 65155，源地址是 202.96.128.86（即 DNS 服务器地址），目的地址是 192.168.1.11（即本机地址）。

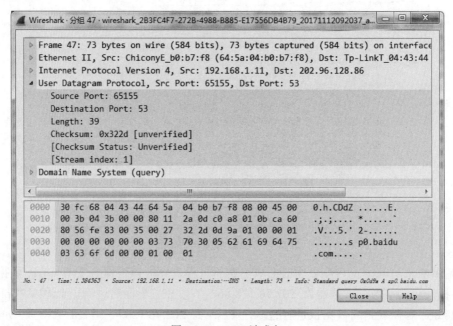

图 1-7-8　DNS 请求包

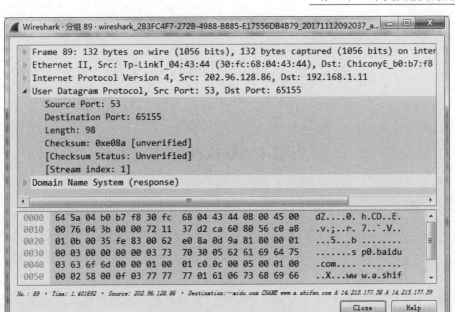

图 1-7-9　DNS 响应包

　　以上实验结果说明，在使用域名浏览网页时，本地主机需要发送 DNS 请求将域名转换为网页服务器的 IP 地址，而这个 DNS 数据报在传输层是用 UDP 协议传输的，我们从捕获的 UDP 数据报中验证了它各个字段的作用。

第2章 简单组网技术实验

实验1 双绞线制作

1. 实验名称

双绞线制作。

2. 实验目的

了解双绞线的作用，掌握双绞线的线序标准，掌握直连线的制作和测试方法。

3. 实验原理

（1）认识双绞线。

双绞线（Twisted Pair，TP）是当前组建局域网时最常用的一种传输介质。它由两根相互绝缘的铜导线按照一定规格互相缠绕在一起而制成。双绞线电缆通常由8根不同颜色的铜导线分成4对绞合在一起，其结构图如图2-1-1所示。

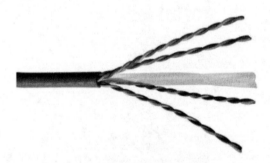

图 2-1-1 双绞线线缆结构图

分析双绞线电缆（以下简称"双绞线"）的结构可以得知，内部铜导线的不同缠绕方式对其性能有着很大的影响。当前用类别来区分双绞线的性能。表2-1-1所示为双绞线的不同类别。

表 2-1-1 双绞线的不同类别

类别	性能说明
一类线（CAT1）	最高频率带宽为 750kHz，只适用于语音传输，不用于数据传输
二类线（CAT2）	最高频率带宽为 1MHz，用于语音传输和最高传输速率为 4Mb/s 的数据传输
三类线（CAT3）	最高频率带宽为 16MHz，最高传输速率为 10Mb/s，主要应用于语音、10Mb/s 以太网（10BASE-T）和 4Mb/s 令牌环

类别	性能说明
四类线（CAT4）	最高频率带宽是 20MHz，用于语音传输和最高传输速率为 16Mb/s 的数据传输，主要用于基于令牌的局域网、10BASE-T 和 100BASE-T 网络
五类线（CAT5）	最高频率带宽为 100MHz，最高传输速率为 100Mb/s，用于语音传输和最高传输速率为 100Mb/s 的数据传输，主要用于 100BASE-T 和 1000BASE-T 网络
超五类线（CAT5e）	传输频率和速率跟五类线一样，但它在近端串扰、串扰总和、衰减和信噪比方面都比五类线有较大的改进
六类线（CAT6）	传输频率为 1MHz～250MHz，最适用于传输速率高于 1Gb/s 的应用
超六类线（CAT6A）	传输频率为 500MHz，传输速率为 10Gb/s
七类线（CAT7）	传输频率为 600MHz，传输速率为 10Gb/s

另外，双绞线还分为非屏蔽双绞线（Unshielded Twisted Pair，UTP）和屏蔽双绞线（Shielded Twisted Pair，STP）两种。与非屏蔽双绞线相比，屏蔽双绞线的外层由铝铂包裹，可减小辐射，通信质量更高，但价格也相对较高，安装时要比非屏蔽双绞线困难。通常情况下，需要在室外布线时会选择屏蔽双绞线。如果只是组建室内局域网，选择非屏蔽双绞线也可满足通信需求。

（2）双绞线的线序标准。

为了统一双绞线两端接口的制作，美国电子工业协会和美国通信工业协会（EIA/TIA）制定了 EIA/TIA-568A 和 EIA/TIA-568B 标准，用于规定双绞线接口的线序，表 2-1-2 所示为这两个标准的线序说明。

表 2-1-2　EIA/TIA-568A 标准和 EIA/TIA-568B 标准的线序说明

标准	线脚号							
	1	2	3	4	5	6	7	8
EIA/TIA-568A（线颜色）	绿白	绿	橙白	蓝	蓝白	橙	棕白	棕
EIA/TIA-568B（线颜色）	橙白	橙	绿白	蓝	蓝白	绿	棕白	棕

在实际应用中，双绞线有直连线、交叉线和翻转线三种。直连线（Straight-Through Cable）指双绞线的两端线序一致，都采用 EIA/TIA-568A 或 EIA/TIA-568B 标准；交叉线（Cross-over Cable）指双绞线的两端线序有 4 个线脚不同，一般是一端采用 EIA/TIA-568A 标准，另一端采用 EIA/TIA-568B 标准；翻转线（Rolled Cable）指双绞线的两端线序完全反接，即一端的顺序是 1～8，另一端的顺序是 8～1。

直连线是网络中使用场合最多的线缆，特别是目前市面上的网络设备接口都有线缆识别功能，本来需要使用交叉线的场合现在都可以用直连线代替，而翻转线则不用于以太网的连接，主要用于主机的串口和路由器（或交换机）的 Console 口连接的 Console 线。

（3）RJ-45 水晶头。

双绞线两端通常都要安装 RJ-45 插头，以方便接入以太网网卡或网络设备的 RJ-45 接口。由于 RJ-45 插头的外表晶莹透亮，因此俗称"水晶头"，示意图如图 2-1-2 所示。水晶头有 8 个线脚，从正面看从左到右的线脚号为 1～8（该顺序与表 2-1-2 的顺序一致）。

图 2-1-2　水晶头的背面（左）和正面（右）

（4）网线检测。

待双绞线制作完成，即在线的两端都安装了水晶头后，还要检测该线缆是否合格，在此需要使用双绞线测线仪，如图 2-1-3 所示。可以通过观察测线仪两列指示灯的闪动情况来判断双绞线是否合格。例如当测试某根直连线时，若两列指示灯都按 1～8 的顺序依次闪动，即同时亮灯 1、灯 2 直至灯 8，然后循环，表示该直连线是合格的；若出现两列指示灯的闪动次序不一致，则表示该直连线不合格。安装水晶头所使用的压线钳如图 2-1-4 所示。

图 2-1-3　双绞线测线仪

图 2-1-4　压线钳

4．实验内容

制作一根合格的直连线，两端采用 ANSI/EIA/TIA-568B 标准，并测试其是否可用。

5．实验设备

双绞线 1 米，RJ-45 水晶头 2 个，测线仪 1 个，压线钳 1 把。

6．实验过程

（1）使用压线钳剪口剪下所需长度的双绞线。

（2）用压线钳把双绞线的一端剪齐，然后把这一端插入到压线钳的剥线口，直到顶住挡位后，握紧压线钳慢慢旋转一圈，让刀口划开双绞线的保护胶皮，将外皮剥除，如图 2-1-5 所示。

（3）将绞在一起的芯线分开，按照 ANSI/EIA/TIA-568B 标准规定的线序排列，并用压线钳将线的顶端剪齐，如图 2-1-6 所示。

图 2-1-5　拨线

图 2-1-6　排线

（4）将水晶头的弹簧卡朝下，然后将正确排列好的双绞线沿着线槽插入到水晶头中，如图 2-1-7 所示。在插的时候一定要将各条芯线都插到水晶头的底部。

（5）将已插入双绞线的水晶头插入压线钳的压槽中，用力压下压线钳的手柄，使水晶头的针脚都能接触到双绞线的芯线，如图 2-1-8 所示。

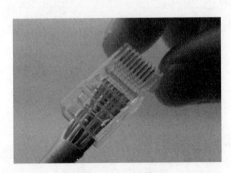

图 2-1-7　插线

图 2-1-8　压线

（6）按照相同的方法制作双绞线的另一端。注意，这一端也要按照 ANSI/EIA/TIA-568B 标准排列线序。

7．实验结果

下面测试刚制作好的直连线是否合格。如图 2-1-9 所示，将直连线接入测线仪，打开测线仪的电源，观察两列指示灯的闪动情况，如果两列指示灯同时按 1～8 的顺序依次闪动，表示直连线制作合格。

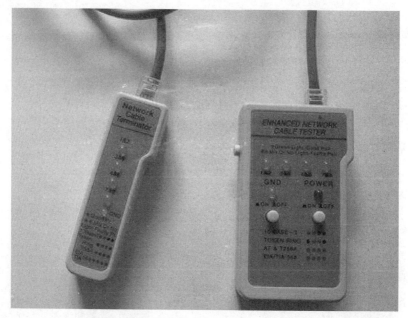

图 2-1-9　测试

在制作双绞线时要注意如下问题：

（1）明确双绞线的种类，并按照选定的线序标准排列两端的铜线。

（2）插入水晶头时，要推到水晶头底部。

（3）压制水晶头时，要用力以使水晶头的金属片能够刺穿铜线外皮，让金属片跟铜线接触。

实验 2　点到点网络组建

1．实验名称

点到点网络组建。

2．实验目的

理解 2 台终端互联的工作原理，掌握 2 台终端互联的配置和应用。

3．实验原理

在点对点网络中，是 2 台终端不经过任何网络设备而直接互联。由于缺少网络设备的转接，这种互联需要特定网线的支持，也就是在本章实验 1 中提到的交叉线的支持。只要用交叉线连接 2 台安装有以太网网卡的终端，即可组成一个简单的点对点网络。

4．实验内容

某企业有 2 台 PC，现需要将这 2 台 PC 互联，让它们能够互相通信。要求学生根据给定的网络拓扑组建网络，不借助网络设备，通过交叉线将 2 台 PC 互联，来满足企业的通信需求。

5．实验拓扑

本次实验使用的点对点网络连接拓扑图如图 2-2-1 所示。在该网络中，PC1 和 PC2 通过交叉线相连。PC1 的 IP 地址和子网掩码为 192.168.1.1 和 255.255.255.0，PC2 的 IP 地址和子网掩码为 192.168.1.2 和 255.255.255.0，并且 PC1 和 PC2 在相同的工作组 TEST 中。

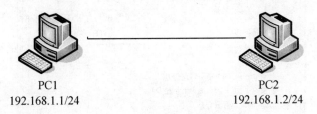

PC1　　　　　　　　　　　　　　　　　PC2
192.168.1.1/24　　　　　　　　　　　　192.168.1.2/24

图 2-2-1　点对点网络连接拓扑图

6．实验设备

PC 2 台，双绞线（交叉线）1 对。

7．实验过程

（1）根据实验拓扑图，用交叉线连接 PC，组建实验使用的网络。

（2）配置 PC1 的 IP 地址和网关。如图 2-2-2 所示，将 PC1 的 IP 地址配置为 192.168.1.1，子网掩码为 255.255.255.0。

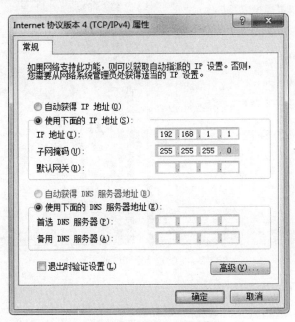

图 2-2-2　PC1 的 IP 地址

（3）配置 PC2 的 IP 地址和网关。如图 2-2-3 所示，将 PC2 的 IP 地址配置为 192.168.1.2，子网掩码为 255.255.255.0。

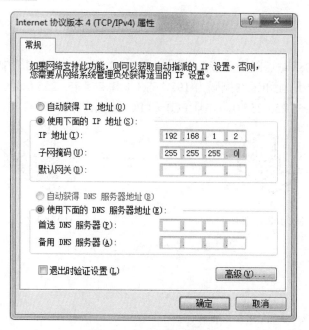

图 2-2-3　PC2 的 IP 地址

（4）配置 PC1 和 PC2 的工作组为 TEST。

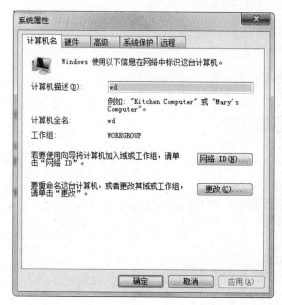 

图 2-2-4　配置 2 台 PC 的工作组

8．实验结果

在 PC1 上使用 ping 命令测试 PC1 和 PC2 之间的通信是否正常，测试结果如下：

C:\Users\Administrator>ping 192.168.1.2

正在 Ping 192.168.1.2 具有 32 字节的数据：

来自 192.168.1.2 的回复: 字节=32 时间=11ms　TTL=62

来自 192.168.1.2 的回复: 字节=32　时间<1ms　TTL=62

来自 192.168.1.2 的回复: 字节=32　时间<1ms　TTL=62

来自 192.168.1.2 的回复: 字节=32　时间<1ms　TTL=62

192.168.1.2 的 Ping 统计信息:

　　　数据包: 已发送 = 4, 已接收 = 4, 丢失 = 0 (0% 丢失),

　　往返行程的估计时间(以毫秒为单位):

　　最短 = 0ms, 最长 = 11ms, 平均 = 2ms

以上测试结果显示 PC1 和 PC2 能正常通信, 说明利用交叉线组建的点对点网络成功。
在组建该网络时, 要注意以下几方面:

（1）双绞线要使用交叉线。

（2）2 台终端配置的 IP 地址必须是同一网段的 IP 地址。

（3）为了能进行资源共享等应用, 2 台终端要设置到同一个工作组内。

实验 3　对等网组建

1. 实验名称

对等网组建。

2. 实验目的

理解对等网的工作原理, 掌握对等网互联的配置和应用。

3. 实验原理

对等网（Peer to Peer）也被称为"工作组网"。该网络中的终端地位对等, 角色相同。每个
终端不仅可以作为服务器向其他终端提供服务, 也可以作为客户端享用其他终端提供的服务。

对等网可采用总线型或星型的网络拓扑。近年来, 随着网络技术的飞速发展和网络交换
机的普及, 现有的对等网大部分都采用星型网络结构。它成本低、网络配置和维护简单, 适用
于终端数量较少的家庭、宿舍或小企业, 并且网络较为健壮, 在这种星型的对等网中, 某一台
终端发生故障对网络其他终端的工作没有影响。虽然当网络中的交换机发生故障时, 网络将整
体瘫痪, 但从目前的交换机质量来讲, 这样的大问题不会经常出现, 因此能满足要求低的场合
的网络需求。

4. 实验内容

某小型企业有 3 台 PC, 现需要将这些 PC 组建网络, 实现 PC 间的资源共享。要求学生利
用网络交换机与这 3 台 PC 一起组建星型对等网, 以满足企业的网络应用需求。

5. 实验拓扑

本次实验使用的对等网连接拓扑图如图 2-3-1 所示。在该网络中, 使用直连线将交换机和
3 台 PC 相连。PC1 的 IP 地址和子网掩码为 192.168.1.1 和 255.255.255.0, PC2 的 IP 地址和子

网掩码为 192.168.1.2 和 255.255.255.0，PC3 的 IP 地址和子网掩码为 192.168.1.3 和 255.255.255.0。3 台 PC 都在相同的工作组 TEST 中。

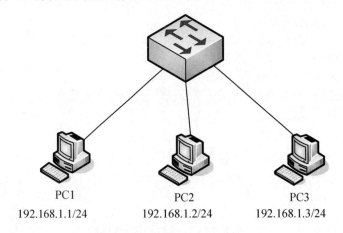

PC1 192.168.1.1/24   PC2 192.168.1.2/24   PC3 192.168.1.3/24

图 2-3-1 对等网连接拓扑图

6．实验设备

交换机 1 台，PC 3 台，双绞线（直连线）3 对。

7．实验过程

（1）根据实验拓扑，用双绞线（直连线）连接交换机和 3 台 PC，组建实验使用的网络。
（2）配置 3 台 PC 的 IP 地址和网关，PC1 的配置方式如图 2-3-2 所示。

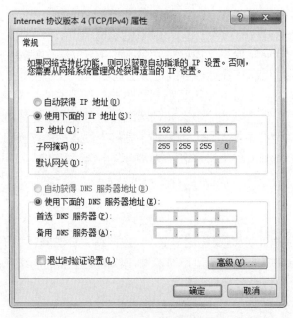

图 2-3-2 PC1 的 IP 地址

（3）配置 3 台 PC 的工作组为 TEST，PC1 的配置方式如图 2-3-3 所示。

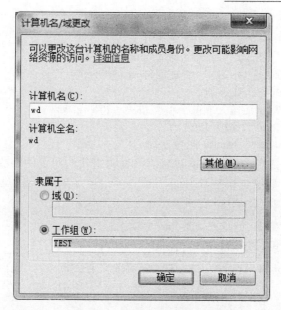

图 2-3-3　配置 PC1 的工作组

8. 实验结果

（1）在 PC1 上使用 ping 命令测试 PC1 和 PC2 之间的通信是否正常，测试结果如下：

C:\Users\Administrator>ping 192.168.1.2

正在 Ping 192.168.1.2 具有 32 字节的数据：

来自 192.168.1.2 的回复：字节=32 时间=2ms TTL=64

来自 192.168.1.2 的回复：字节=32 时间=1ms TTL=64

来自 192.168.1.2 的回复：字节=32 时间=3ms TTL=64

来自 192.168.1.2 的回复：字节=32 时间=4ms TTL=64

192.168.1.2 的 Ping 统计信息：

数据包：已发送 = 4，已接收 = 4，丢失 = 0 (0% 丢失)，

往返行程的估计时间(以毫秒为单位)：

最短 = 1ms，最长 = 4ms，平均 = 2ms

（2）在 PC1 上使用 ping 命令测试 PC1 和 PC3 之间的通信是否正常，测试结果如下：

C:\Users\Administrator>ping 192.168.1.3

正在 Ping 192.168.1.3 具有 32 字节的数据：

来自 192.168.1.3 的回复：字节=32 时间=2ms TTL=64

来自 192.168.1.3 的回复：字节=32 时间=6ms TTL=64

来自 192.168.1.3 的回复：字节=32 时间=1ms TTL=64

来自 192.168.1.3 的回复：字节=32 时间=1ms TTL=64

192.168.1.3 的 Ping 统计信息：

数据包：已发送 = 4，已接收 = 4，丢失 = 0 (0% 丢失)，

往返行程的估计时间(以毫秒为单位)：

最短 = 1ms，最长 = 6ms，平均 = 2ms

（3）在 PC2 上使用 ping 命令测试 PC2 和 PC3 之间的通信是否正常，测试结果如下：

C:\Users\Administrator>ping 192.168.1.3

正在 Ping 192.168.1.3 具有 32 字节的数据：

来自 192.168.1.3 的回复: 字节=32 时间=1ms   TTL=64

来自 192.168.1.3 的回复: 字节=32 时间=1ms   TTL=64

来自 192.168.1.3 的回复: 字节=32 时间=3ms   TTL=64

来自 192.168.1.3 的回复: 字节=32 时间=1ms   TTL=64

192.168.1.3 的 Ping 统计信息:

　　数据包: 已发送 = 4, 已接收 = 4, 丢失 = 0 (0% 丢失),

　　往返行程的估计时间(以毫秒为单位):

　　　　最短 = 1ms, 最长 = 3ms, 平均 = 1ms

以上测试结果显示 3 台 PC 间能正常通信, 说明组建的对等网络成功。

在组建该网络时, 要注意以下几方面:

（1）双绞线要使用直连线。

（2）3 台 PC 配置的 IP 地址必须是同一网段的 IP 地址。

（3）交换机不需要做任何配置。

（4）为了能进行资源共享等应用, 3 台终端要设置到同一个工作组内。

实验 4　无线局域网组建

1．实验名称

无线局域网组建。

2．实验目的

理解无线局域网的工作原理, 掌握无线局域网的配置和应用。

3．实验原理

无线网络（Wireless Network）出现于 20 世纪 70 年代初, 是采用无线通信技术组建的网络。它相对于我们早已熟悉的有线网络, 最大的不同就是把有线传输介质换成了无线电波、微波、蓝牙和红外线等无线传输介质。无线网络具备以下特点:

（1）安装便捷。只要在需要无线网络的区域安装无线接入设备即可, 不用进行网络布线, 对周围环境基本没有影响。

（2）使用方便。终端设备不仅可在无线网络信号覆盖区域内的任意位置接入网络, 还可自由移动, 极大地提升了用户体验。

（3）易于扩展。由于没有信息点的数量限制, 无线网络的终端设备可随意接入, 大大增加了无线网络可服务的用户数量。另外, 无线桥接等技术的出现, 也使无线网络的覆盖范围能在一定程度上任意扩大。

（4）成本降低。鉴于无线网络扩展的便利性, 进行网络规划时已不需预留太多接入点, 这样可减少利用率低的接入点的布置, 为网络的组建节省了开支。

按照覆盖范围来划分, 无线网络可分为无线个人局域网（Wireless Personal Area Network, WPAN）、无线局域网（Wireless Local Area Networks, WLAN）、无线城域网（Wireless

Metropolitan Area Network，WMAN）和无线广域网（Wireless Wide Area Network，WWAN）
四个大类。其中，无线局域网不管是在家庭还是在企业中都被广泛使用。

无线局域网的实现技术有很多，比如蓝牙、HIPER LAN、IEEE802.11 等。IEEE802.11 常
被称为无线保真（Wireless Fidelity，WiFi），是无线局域网技术中最常用的一种。目前在家庭、
餐饮零售店、兴趣培训机构、企业办公室等场所都开始提供 WiFi 接入，为人们随时接入互联
网提供了尽可能多的入口。

另外，无线局域网又分为无线自组织网络（Mobile Ad Hoc Network）和 Infrastructure 模式
无线局域网两种。前者指不需要任何预设的网络设施，终端设备能够利用自带的无线网卡组建
一个独立的无线局域网；而后者需要网络设施搭建无线 AP（Access Point），让终端通过连接
AP 来接入网络。两种结构的网络拓扑如图 2-4-1 和图 2-4-2 所示。

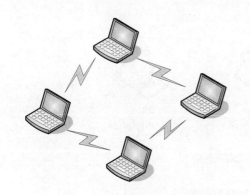 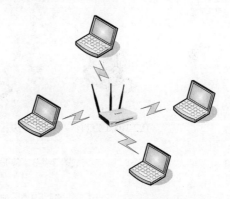

图 2-4-1　Ad Hoc Network　　　　　　图 2-4-2　Infrastructure Network

本小节要搭建的是 Infrastructure 模式的无线局域网。在设置 IEEE802.11 的 Infrastructure
模式的无线局域网时，需要注意如下几个配置属性：

（1）SSID 号。即服务集标识（Service Set Identifier）。可用来将一个无线局域网分为几个
需要不同身份验证的子网络。通俗地讲，SSID 号就是无线局域网的名称。当在配置无线局域
网时，选择"开启无线广播"功能，该网络的 SSID 号就被无线路由器广播出去，覆盖范围内
的终端设备网卡就可以搜索到该 SSID 的无线局域网。

（2）模式。该属性用来设定无线局域网使用的无线传输协议，一般有 802.11b、802.11a、
802.11g、802.11n、802.11ac 等，还有支持混合协议的 mixed。该属性主要根据终端设备使用
的无线传输协议来确定。

（3）信道。通常情况下，无线局域网用到的 2.4GHz～2.5GHz 的信号频率被分为 11 或
13 个信道，可在配置无线局域网时自由选择。但如果在同一区域内有多个无线局域网都使用
了相同的或相近的信道，它们的信号会产生冲突，影响无线局域网的性能。因此，最好先借助
WiFi 分析仪等工具对周边环境进行信道评级，找出最优的信道来使用。

（4）频段带宽。指发送无线信号的频率宽度。一般情况下，带宽越大，传输速度越快，
但如果跟其他无线局域网使用的带宽重叠，也可能会降低网络通信质量。

4．实验内容

某家庭有 3 台 PC，现需要将这些 PC 组建网络，实现 PC 间的资源共享。要求学生利用无

线网络路由器与这 3 台 PC 一起组建无线局域网，满足家庭的网络应用需求。

5. 实验拓扑

本次实验使用的家庭无线局域网拓扑图如图 2-4-3 所示。在该网络中，3 台 PC 和无线网络路由器互联。各设备的网络配置如表 2-4-1 所示。

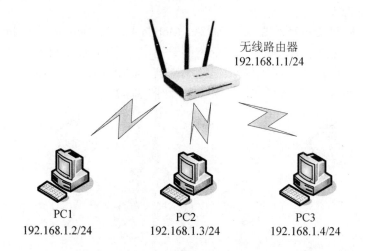

图 2-4-3　家庭无线局域网拓扑图

表 2-4-1　各设备的网络配置

设备	IP 地址	子网掩码	工作组
无线路由器	192.168.1.1	255.255.255.0	
PC1	192.168.1.2	255.255.255.0	TEST
PC2	192.168.1.3	255.255.255.0	TEST
PC3	192.168.1.4	255.255.255.0	TEST

6. 实验设备

无线路由器 1 部，PC 3 台（每台 PC 要有无线网卡）。

7. 实验过程

1）配置 3 台 PC 的 IP 地址和网关（PC1 的配置方式如图 2-4-4 所示）。

2）配置 3 台 PC 的工作组为 TEST（PC1 的配置方式如图 2-4-5 所示）。

（3）配置无线路由器。对于一台没有配置过的无线路由器，可以通过有线和无线的方式与其连接。在此以 TP-LINK 的 TL-WR886N 无线路由器为例，图 2-4-6 是 TL-WR886N 无线路由器的背面结构图。若采用有线方式连接无线路由器，则需要先使用双绞线连接 PC1 和无线路由器的任一个 LAN 接口；若采用无线方式连接无线路由器，则 PC1 无需再做其他配置。

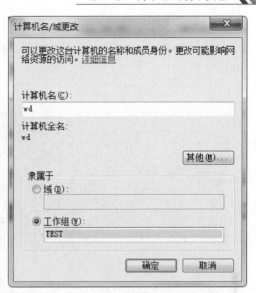

图 2-4-4　PC1 的 IP 地址　　　　　　　　图 2-4-5　配置 PC1 的工作组

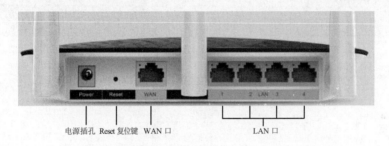

电源插孔　Reset 复位键　WAN 口　　　　　　LAN 口

图 2-4-6　TL-WR886N 无线路由器的背面结构

　　不管采用有线还是无线方式，都可在 PC1 的浏览器中登录http://192.168.1.1/，打开无线路由器的管理员登录界面，如图 2-4-7 所示。

图 2-4-7　TL-WR886N 无线路由器的管理员登录界面

下面组建无线局域网，主要配置无线名称（SSID 号）、无线信道、无线模式和频段带宽等属性。如图 2-4-8 所示，组建一个 SSID 为 test 的无线局域网，无线模式为 11bgn mixed，无线信道和频段带宽设为"自动"，在勾选了"开启无线广播"并保存后，该 test 无线局域网建立成功。

图 2-4-8　TL-WR886N 无线路由器的设置界面

（4）在各个 PC 中搜索并加入 test 无线局域网，若出现"test 已连接"提示，则表示加入成功。

8．实验结果

（1）在 PC1 上使用 ping 命令测试 PC1 和 PC2 之间的通信是否正常，测试结果如下：

```
C:\Users\Administrator>ping 192.168.1.3
正在 Ping 192.168.1.3 具有 32 字节的数据:
来自 192.168.1.3 的回复: 字节=32 时间=1ms  TTL=64
来自 192.168.1.3 的回复: 字节=32 时间=1ms  TTL=64
来自 192.168.1.3 的回复: 字节=32 时间=1ms  TTL=64
来自 192.168.1.3 的回复: 字节=32 时间=1ms  TTL=64
192.168.1.3 的 Ping 统计信息:
    数据包: 已发送 = 4，已接收 = 4，丢失 = 0 (0% 丢失)，
往返行程的估计时间(以毫秒为单位):
    最短 = 1ms，最长 = 1ms，平均 = 1ms
```

（2）在 PC1 上使用 ping 命令测试 PC1 和 PC3 之间的通信是否正常，测试结果如下：

```
C:\Users\Administrator>ping 192.168.1.4
正在 Ping 192.168.1.4 具有 32 字节的数据:
来自 192.168.1.4 的回复: 字节=32 时间=1ms  TTL=64
来自 192.168.1.4 的回复: 字节=32 时间=1ms  TTL=64
来自 192.168.1.4 的回复: 字节=32 时间=1ms  TTL=64
来自 192.168.1.4 的回复: 字节=32 时间=2ms  TTL=64
192.168.1.4 的 Ping 统计信息:
    数据包: 已发送 = 4，已接收 = 4，丢失 = 0 (0% 丢失)，
```

往返行程的估计时间(以毫秒为单位):

最短 = 1ms, 最长 = 2ms, 平均 = 1ms

（3）在 PC2 上使用 ping 命令测试 PC2 和 PC3 之间的通信是否正常，测试结果如下：

C:\Users\Administrator>ping 192.168.1.4

正在 Ping 192.168.1.4 具有 32 字节的数据:

来自 192.168.1.4 的回复: 字节=32 时间=1ms TTL=64

来自 192.168.1.4 的回复: 字节=32 时间=2ms TTL=64

来自 192.168.1.4 的回复: 字节=32 时间=2ms TTL=64

来自 192.168.1.4 的回复: 字节=32 时间=1ms TTL=64

192.168.1.4 的 Ping 统计信息:

数据包: 已发送 = 4，已接收 = 4，丢失 = 0 (0% 丢失),

往返行程的估计时间(以毫秒为单位):

最短 = 1ms, 最长 = 2ms, 平均 = 1ms

以上测试结果显示 3 台 PC 间能正常通信，说明组建的无线局域网成功。

在组建该网络时，要注意以下几方面：

（1）3 台 PC 配置的 IP 地址必须是同一网段的 IP 地址。

（2）为了能进行资源共享等应用，3 台终端要设置到同一个工作组内。

（3）为了能自动分配 IP 地址和子网掩码等网络信息，可以设置无线路由器的 DHCP 功能。

实验 5　无线个人区域网组建

1．实验名称

无线个人区域网组建。

2．实验目的

理解无线个人区域网的工作原理，掌握无线个人区域网的配置和应用。

3．实验原理

无线个人区域网（Wireless Personal Area Network，WPAN）是采用无线连接的个人局域网，主要用来连接计算机、手机、平板电脑、耳机等个人数字设备，工作范围通常在 10 米以内。当前支持无线个人区域网的技术有蓝牙、ZigBee、HomeRF、IrDA 等。无线个人区域网的使用，有效解决了"最后一公里"的网络连接问题，丰富了联网的途径，为人们的工作和生活带来了便利。

随身 WiFi 是目前用来组建无线个人区域网的常用设备。它可以将 3G、4G 网络或计算机上的有线网络连接转换成 WiFi 信号，满足个人数字设备连接网络的需求。目前大部分厂商都生产了随身 WiFi 设备，如 360 随身 WiFi、小米随身 WiFi、腾讯全民 WiFi 等。这些随身 WiFi 设备都支持 802.11n、802.11g、802.11b 等网络协议，最高传输速率达 300MB/s，并且有内置双天线设计，使用 2×2MIMO 发射技术，大幅提升了无线信号的覆盖范围和稳定程度，使组建的无线个人区域网更稳定。

4. 实验内容

某员工有 1 台 PC、1 部手机、1 台平板电脑，现需要组建无线个人区域网，实现多个设备的资源共享。要求学生使用随身 WiFi 设备，在 PC 端创建无线个人区域网，满足个人的网络应用需求。

5. 实验拓扑

本次实验使用的无线个人区域网拓扑图如图 2-5-1 所示。在该网络中，PC 已经接入有线网络，能够连接互联网，并且使用 360 随身 WiFi 开启无线局域网，手机和平板电脑与无线局域网连接，组成无线个人区域网。

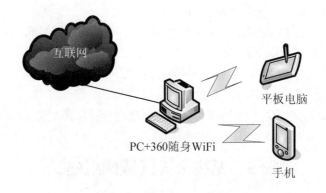

图 2-5-1　无线个人区域网拓扑图

6. 实验设备

360 随身 WiFi 1 部，PC 1 台（已经接入有线网络）、手机 1 部，平板电脑 1 台。

7. 实验过程

（1）将 360 随身 WiFi 插入 PC 的 USB 接口，如图 2-5-2 所示。

图 2-5-2　在 PC 上外接 360 随身 WiFi

（2）在 PC 上安装 360 随身 WiFi 的驱动。在 360WiFi 官网（http://wifi.360.cn/easy）可以下载相应的驱动。

（3）配置 360 随身 WiFi 的无线局域网。待驱动安装完成后，启动 360 随身 WiFi 软件，出现如图 2-5-3 所示的界面，即可设置 WiFi 名称和 WiFi 密码，保存后无线局域网"Test"建立成功。

（4）将手机连接到 360 随身 WiFi 的无线局域网。在手机的无线网络列表中找到 Test，输入密码即可成功连接。如图 2-5-4 所示为手机连接成功后，在 360 随身 WiFi 软件中的显示情况。

图 2-5-3　360 随身 WiFi 配置

图 2-5-4　已连接的设备列表

（5）将平板电脑连接到 360 随身 WiFi 的无线局域网。步骤与（4）类似，将平板电脑连接到无线网络 Test。

8．实验结果

分别在手机和平板电脑上访问百度网站，发现都可以打开百度首页。该测试结果表明，手机和平板电脑都成功连接了 360 随身 WiFi 的无线局域网，组网成功。

注意：

（1）当 PC 没有联网（既没有连接有线网络，也没有连接无线网络）时，将 360 随身 WiFi 插入 PC 的 USB 接口后，该软件会提示"计算机没有联网，是否使用无线网卡模式"。表示 360 随身 WiFi 也可当无线网卡来使用，让 PC 连接到其他无线网络中。

（2）360 随身 WiFi 还有一些网络安全防范功能，比如主人确认连接、防蹭网、隐藏 WiFi 密码等，可防止别人在未经允许的情况下连接我们建立的无线个人区域网。

第3章 网络服务技术实验

实验1 DNS服务器配置

1．实验名称

DNS 服务器配置。

2．实验目的

（1）了解 DNS 的概念和工作原理。

（2）熟悉 DNS 服务器的工作过程。

（3）掌握 DNS 服务器的安装方法。

（4）掌握 DNS 服务器的配置、使用和管理。

3．实验原理

域名系统（Domain Name System，DNS）是一组协议和服务，它用于 TCP/IP 网络，允许用户在查找网络资源时使用层次化的、对用户友好的名字取代 IP 地址。整个 DNS 结构是分层式的树状结构，由根域、顶级域、二级域、三级域等组成。DNS 的工作任务是在计算机主机名和 IP 地址之间进行映射。

DNS 工作在应用层，在传输层使用 UDP 协议传输数据。当 DNS 客户端向 DNS 服务器发出对 IP 地址的查询请求时，DNS 服务器可以从其数据库内找出 IP 地址并回答给客户端，这种由 DNS 服务器从其数据库中寻找客户服务端 IP 地址的过程叫做"域名解析"。域名的解析方法主要有两种：递归查询（Recursive Query）和迭代查询（Iterative Query）。

递归查询的基本过程如下：

（1）客户端向本地的域名服务器（默认的 DNS 服务器）发出域名解析请求。

（2）本地域名服务器收到请求后，先查询本地的缓存，如果找到该域名的记录项，就把查询结果返回给客户端；如果本地缓存中没有找到该域名的记录项，则本地域名服务器就向根域名服务器发送 DNS 域名查询请求。

（3）根域名服务器收到 DNS 域名查询请求后，把查询到的顶级域名服务器 IP 地址返回给本地域名服务器。

（4）本地域名服务器根据收到的顶级域名服务器 IP 地址，向顶级域名服务器发送相同的 DNS 域名查询请求。

（5）该顶级域名服务器收到 DNS 域名查询请求后，先查询自己的缓存，如果找到对应的记录项，就把它返回给本地域名服务器，本地域名服务器再把结果返回给客户端；如果该顶级域名服务器在自己的缓存中没有找到相应的记录项，则向本地域名服务器返回该顶级域名服务器的下级域名服务器的 IP 地址。

（6）重复步骤（4）和（5），直到最终找到正确的记录，同时本地域名服务器在缓存中保存本次查询得到的记录项。

迭代查询的基本过程如下：

（1）客户端向本地的域名服务器（默认的 DNS 服务器）发出域名解析请求。

（2）本地域名服务器收到请求后，先查询本地的缓存，如果找到该域名的记录项，就把查询结果返回给客户端；如果本地缓存中没有找到该域名的记录项，则本地域名服务器就向根域名服务器发送 DNS 域名查询请求。

4．实验内容

（1）配置 DNS 服务器。

（2）配置 DNS 客户机。

5．实验设备

PC 1 台。使用该台 PC 既作 DNS 服务器又作 DNS 客户机来完成本次实验的内容。

6．实验过程

本实验假设一个虚拟的网络环境，该环境的域名是 netlab.local，其中有三台服务器：WWW 服务器，域名是 www.netlab.local，IP 地址是 172.19.10.2；FTP 服务器，域名是 ftp.netlab.local，IP 地址是 172.19.10.5；DNS 服务器，域名是 a5.netlab.local，IP 地址是 172.19.10.5。

（1）为服务器配置一个静态 IP 地址。

1）在 PC 上选择"开始"→"设置"→"控制面板"→"网络连接"→"本地连接"→"本地连接属性"，选择"Internet 协议（TCP/IP）"并查看其属性。

2）选择"使用下面的 IP 地址"，然后对 IP 地址、子网掩码和默认网关进行相应的设置（本例中 IP 地址为 172.19.10.2），如图 3-1-1 所示。

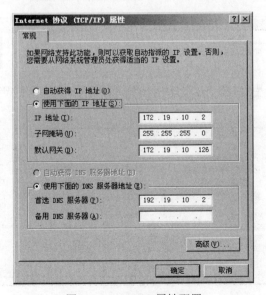

图 3-1-1　TCP/IP 属性配置

3）如果需要的话，单击"高级"按钮，在 DNS 选项卡中选中"附加主要的和连接特定的 DNS 后缀"单选项，并勾选"附加主 DNS 后缀的父后缀"和"在 DNS 中注册此连接的地址"复选项，如图 3-1-2 所示。

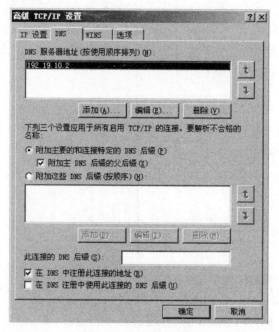

图 3-1-2　DNS 选项卡

（2）DNS 服务器的配置。

1）安装 DNS 控制台。选择"开始"→"控制面板"→"添加或删除程序"→"添加/删除 Windows 组件"，在弹出的"Windows 组件向导"对话框中勾选"网络服务"和"应用程序服务器"，如图 3-1-3 所示，单击"下一步"按钮直到安装完成。

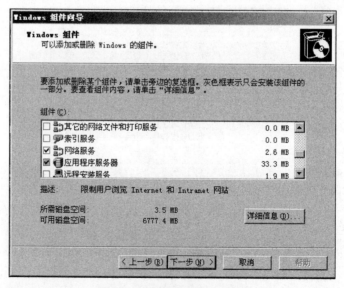

图 3-1-3　添加网络服务组件

2）添加"正向搜索区域"。选择"开始"→"控制面板"→"管理工具"→DNS，打开 DNS 控制台，如图 3-1-4 所示。

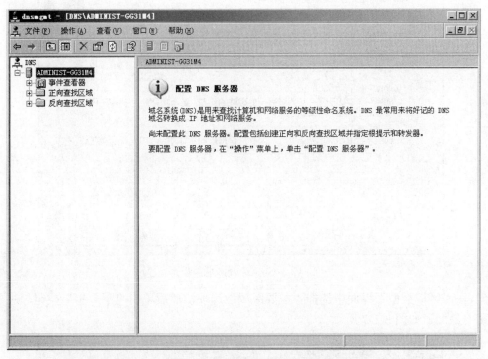

图 3-1-4　DNS 控制台运行界面

3）在 DNS 控制台中展开 DNS 服务器，右击"正向查找区域"，在弹出的快捷菜单中选择"新建区域"，弹出如图 3-1-5 所示的对话框，启动"新建区域向导"。

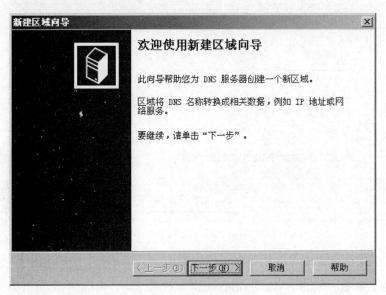

图 3-1-5　新建区域向导

4）在图 3-1-5 中单击"下一步"按钮，进入"区域类型"界面，如图 3-1-6 所示。

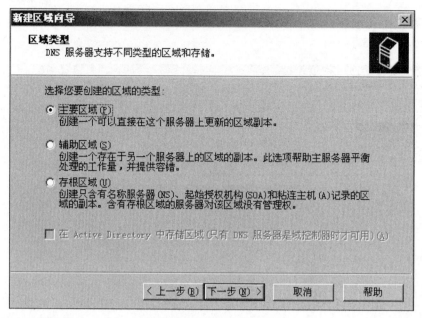

图 3-1-6　选择区域类型

5）在"区域类型"界面中选择"主要区域"选项，然后单击"下一步"按钮，进入"区域名称"界面，如图 3-1-7 所示。

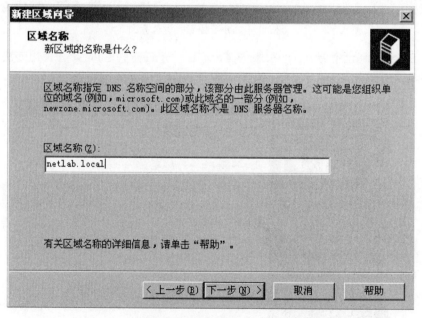

图 3-1-7　输入区域名称

6）在"区域名称"下的文本框中输入区域名称（本例输入 netlab.local）。区域名称必须是 DNS 命名空间中某个区域的域名。在 Internet 上，区域名称一般是申请的二级域名，如果是用于 Intranet 的内部域名，则可以自行定义。输入完成后单击"下一步"按钮，进入"区域文件"界面，如图 3-1-8 所示。

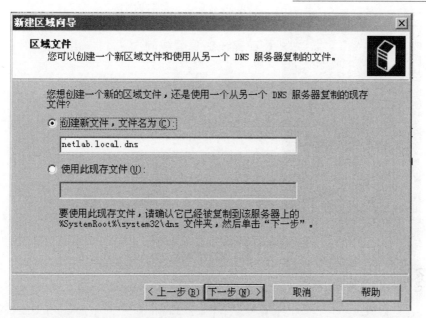

图 3-1-8　创建区域文件

7）在"区域文件"界面中创建区域文件名，一般文件名采用默认值。然后单击"下一步"
按钮，进入"动态更新"界面，如图 3-1-9 所示。

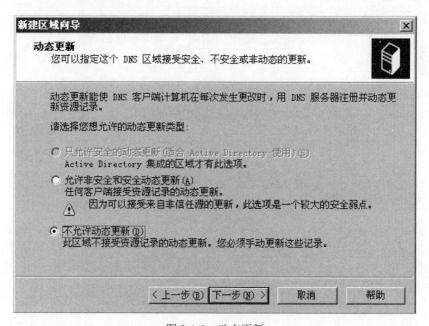

图 3-1-9　动态更新

8）在"动态更新"界面中，可以设置是否允许该区域进行动态更新。一般情况下选择对
安全性要求比较高的，默认选择"不允许动态更新"，单击"下一步"按钮，进入"正在完成
新建区域向导"界面，如图 3-1-10 所示。

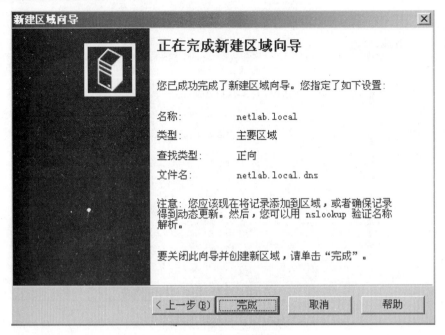

图 3-1-10　创建区域完成

9）在"正在完成新建区域向导"界面中，显示新建区域的基本信息。单击"完成"按钮，完成创建过程。

（3）添加"反向搜索区域"。

1）在"欢迎使用新建区域向导"界面中单击"下一步"按钮。

2）在"区域类型"界面中选择"主要区域"，然后单击"下一步"按钮，打开"反向查找区域名称"界面，如图 3-1-11 所示。

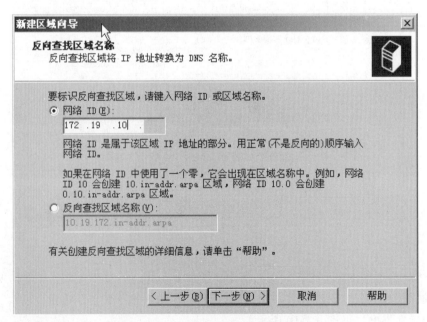

图 3-1-11　设置反向查找区域网络 ID

3）在"反向查找区域名称"界面中输入网络 ID，本例中输入的网络 ID 为 172.19.10，区域名称是 10.19.172.in-addr.arpa，如图 3-1-11 所示。然后单击"下一步"按钮，打开"区域文件"界面。

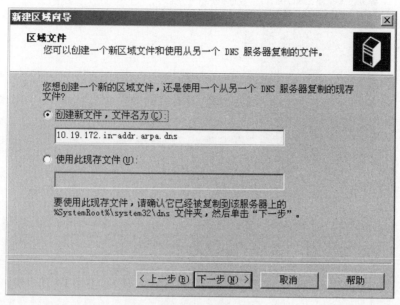

图 3-1-12　创建反向区域文件

4）在"区域文件"界面中设置"文件名为 10.19.172.in-addr.arpa.dns。然后单击"下一步"按钮，打开"动态更新"界面，如图 3-1-13 所示。

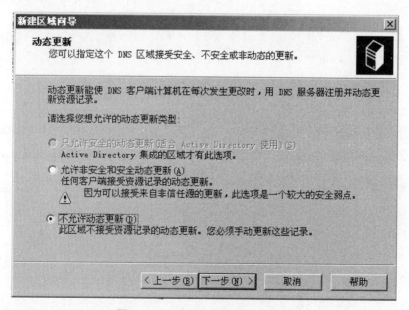

图 3-1-13　反向查找区域动态更新

5）在"动态更新"界面中选择"不允许动态更新"，然后单击"下一步"按钮，打开"正在完成新建区域向导"界面，如图 3-1-14 所示。

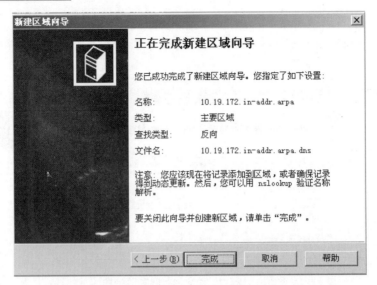

图 3-1-14　反向查找区域创建完成

6）在"正在完成新建区域向导"界面中显示创建的反向查找区域的基本信息，单击"完成"按钮完成创建过程。

（4）创建记录。

1）手工创建正向查找主机记录。区域建立完成后可以在本区域添加各种资源，以此对 DNS 的客户端进行响应。例如，本例添加一台主机 1：名称为 www，IP 地址为 172.19.10.2。

2）选择"开始"→"管理工具"→DNS，打开 DNS 控制台。在控制台树中，选择"正向查找区域"的 netlab.local 区域，在右侧空白处右击，在弹出的快捷菜单中选择"新建主机"，打开如图 3-1-15 所示的对话框。

3）在"新建主机"对话框中输入名称 www，并在"IP 地址"文本框中输入提供该服务的服务器 IP 地址 172.19.10.2。

4）单击"添加主机"按钮，完成添加主机。

5）重复上述步骤添加主机 2：名称为 ad，IP 地址为 172.19.10.5，如图 3-1-16 所示。

图 3-1-15　新建主机 1

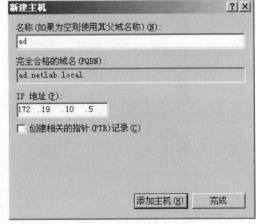

图 3-1-16　新建主机 2

　　6）创建别名记录。选择"开始"→"管理工具"→DNS，打开 DNS 控制台。在控制台树中，选择"正向查找区域"的 netlab.local 区域，在右侧空白处右击，在右键菜单中选择"新建别名"，打开如图 3-1-17 所示对话框。新建主机的别名名称为 ftp，完全名称为 www.netlab.local。创建完成后，DNS 控制台如图 3-1-18 所示。

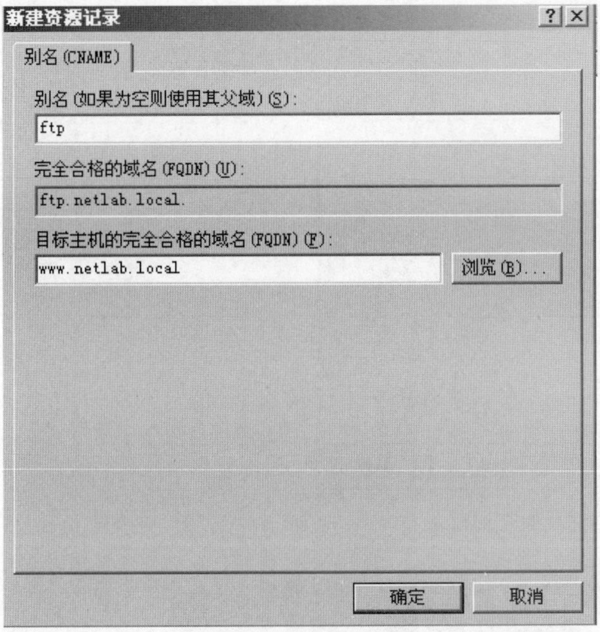

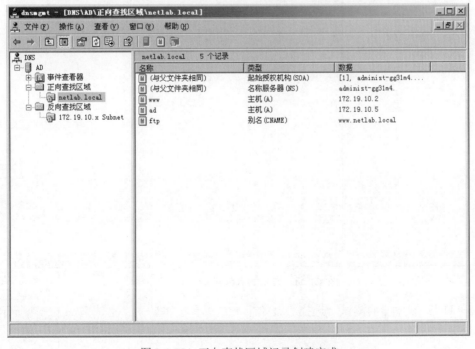

图 3-1-17　创建别名记录

图 3-1-18　正向查找区域记录创建完成

7）创建反向查询记录 1：主机 IP 地址 172.19.10.2，主机名 www.netlab.local，如图 3-1-19 所示。创建反向查询记录 2：主机 IP 地址 172.19.10.5，主机名 ad.netlab.local，如图 3-1-20 所示。若看到如图 3-1-21 所示的界面，则代表反向查询记录添加成功。

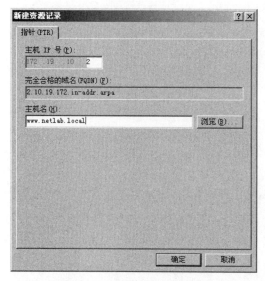

图 3-1-19　创建反向查询记录 1

图 3-1-20　创建反向查询记录 2

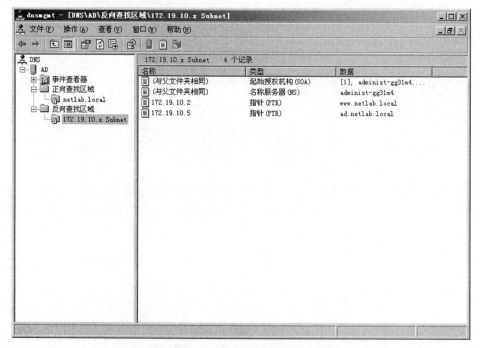

图 3-1-21　反向查找区域记录创建完成

（5）DNS 服务器的测试。选择"开始"→"所有程序"→"附件"→"命令提示符"。在"命令提示符"窗口中使用命令 nslookup 查看 DNS 服务器的名称及其 IP 地址。

1）在命令 nslookup 启用的情况下，输入"ad.netlab.local"和"www.netlab.local"查看主

机对应的 IP 地址。如图 3-1-22 所示，ad.netlab.local 和 www.netlab.local 对应的地址被准确地解析。

图 3-1-22 域名查看结果

2）在命令 nslookup 启用的情况下，输入"172.19.10.2"和"172.19.10.5"查看对应的主机名。如图 3-1-23 所示，172.19.10.2 和 172.19.10.5 对应的域名被准确地解析。

图 3-1-23 域名查看结果

3）使用 ping 命令测试 www.netlab.local 的可达性。如图 3-1-24 所示，域名 www.netlab.local 被解析为 172.19.10.2，并显示为 ping 通的状态。

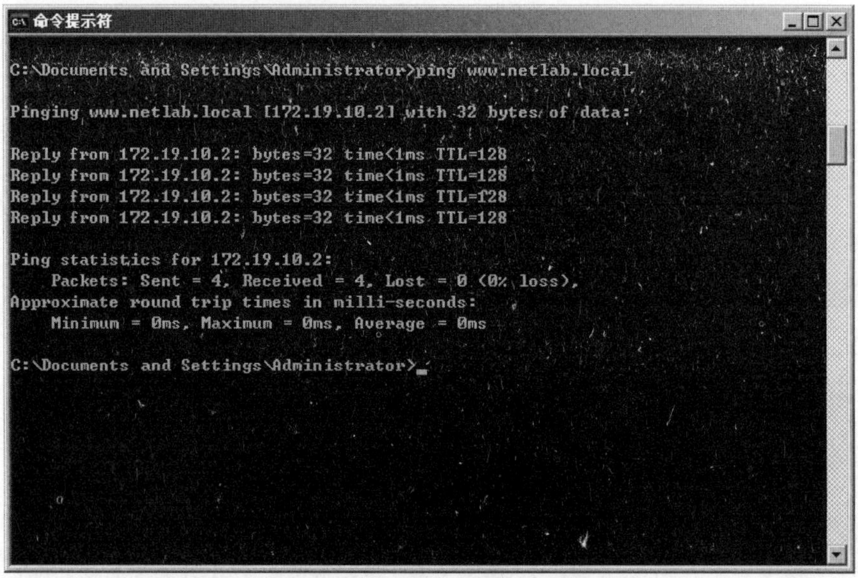

图 3-1-24 ping 命令执行结果

上述实验结果表明，DNS 服务器搭建成功，并能准确地解析各个域名的 IP 地址，给 DNS 客户机发回反馈。

实验 2 DHCP 服务器配置

1．实验名称

DHCP 服务器配置。

2．实验目的

（1）了解 DHCP 系统的作用和适用场合。

（2）了解 DHCP 的基本概念和工作原理。

（3）掌握 DHCP 服务的安装方法。

（4）掌握 DHCP 服务器的配置、使用和管理。

3．实验原理

动态主机配置协议（Dynamic Host Configuration Protocol，DHCP）是一个简化对主机 IP 配置信息进行管理的 TCP/IP 标准协议。用户可以利用 DHCP 的服务器管理动态的 IP 地址分配及其他相关的环境配置工作，比如分配子网掩码、默认网关、DNS 服务器等。使用 DHCP 服务器进行动态 IP 地址分配，可以实现 IP 地址的集中式管理，从而基本上不需要网络管理员的人为干预，节省了网络管理员的工作量和时间。

DHCP 服务是基于网络的服务器/客户端模式的应用，其实现必须包括 DHCP 服务器和 DHCP 客户端。DHCP 服务器为网络中那些启用了 DHCP 功能的客户端动态地分配 IP 地址及相关配置信息。DHCP 客户端通过 DHCP 服务器来获得网络配置参数。

DHCP 客户端每次启动时，都要与 DHCP 服务器建立联系，以获得 IP 地址及有关的 TCP/IP 配置，这个过程具体如下：

（1）DHCP 客户端广播一个 DHCPDISCOVER 数据包，向网络中的所有的 DHCP 服务器发出请求租用 IP 地址。

（2）网络中所有的 DHCP 服务器收到该客户端的 DHCPDISCOVER 数据包后，都会以广播形式给 DHCP 客户端发送一个 DHCPOFFER 数据包，其中包括一个可租用的 IP 地址和合法的配置信息。

（3）DHCP 客户端从多个 DHCP 服务器收到 DHCPOFFER 后，通常选择第一个收到 DHCPOFFER 所属的 DHCP 服务器作为目标 DHCP 服务器，然后以广播形式回答一个 DHCPREQUEST 数据包，表示自己接受了该 DHCP 服务器提供的 IP 地址。该 DHCPREQUEST 数据包包含向目标 DHCP 服务器请求的 IP 地址和服务器的 IP 地址。

（4）DHCP 服务器收到 DHCP 客户端发送的 DHCPREQUEST 数据包后，便以广播方式向 DHCP 客户端发送一个 DHCPACK 数据包（包括 IP 地址，TCP/IP 配置信息等），以表示 DHCP 客户端可以使用该 IP 地址了。

DHCP 客户端每次启动时从 DHCP 服务器获得的 IP 地址是有使用时间限制的，即 DHCP 客户端获取到的 IP 地址都有一个租约，如果想要延长使用该 IP 地址，就必须更新租约，否则就不能再使用该 IP 地址。一台当前有 IP 地址使用的 DHCP 客户端，其更新 IP 地址及其过程有如下三种情况：

（1）当 DHCP 客户端重新启动时，不管租约是否到期，都会以广播方式向 DHCP 服务器发送 DHCPREQUEST 数据包（包含前一次分配的 IP 地址），请求继续租用原来的 IP 地址。当 DHCP 服务器收到这一信息时如果回复 DHCPACK 数据包，表示客户端可以继续使用原来的 IP 地址；如果回复 DHCPNACK 数据包，则表示此 IP 地址已无法再分配给该客户端，此时该客户端就必须重新发送 DHCPDISCOVER 信息来请求新的 IP 地址。

（2）当 DHCP 客户端租期到达整个租期的 50% 时，就需要更新租约，直接向为其提供 IP 地址的 DHCP 服务器发送 DHCPREQUEST 数据包，要求继续使用原来的 IP 地址。如果 DHCP 客户端收到该 DHCP 服务器的回复为 DHCPACK 数据包，那么 DHCP 客户端就根据数据包中新的租期以及其他配置信息来更新自己的配置信息，这表示续约成功；如果 DHCP 客户端收到该 DHCP 服务器的回复为 DHCPNACK 数据包，则表示该 IP 地址不能分配给该客户端，该客户端需重新发起申请过程；如果 DHCP 客户端没有收到该 DHCP 服务器的回复，则该客户端继续使用现有的 IP 地址。

（3）当 DHCP 客户端租期到达整个租期的 87.5% 时，如果还没有收到 DHCP 服务器的回复，DHCP 客户端将再次向为其提供 IP 地址的 DHCP 服务器发送其更新租约的 DHCPREQUEST 数据包。如果收到 DHCPACK 数据包，则表示更新成功；否则重新发起申请过程。

4．实验内容

（1）配置 DHCP 服务器。

（2）配置 DHCP 客户机。

（3）测试 DHCP 配置的正确性。

5．实验拓扑

如图 3-2-1 所示，该网络中有 2 台计算机。其中一台作为 DHCP 服务器（DHCP Server），它的地址是 172.19.10.254。另一台作为 DHCP 客户机（DHCP Client），它基于 DHCP 服务动态获取 IP 地址。

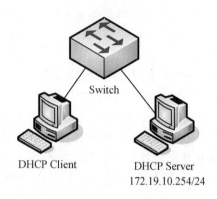

Switch

DHCP Client　　　DHCP Server
172.19.10.254/24

图 3-2-1　网络连接拓扑图

6．实验设备

2 台计算机、1 台交换机和 2 根双绞线。

7．实验过程

（1）DHCP 服务器的配置。

1）安装 DHCP 控制台。

选择"开始"→"设置"→"控制面板"→"添加/删除程序"→"添加/删除 Windows 组件"→"网络服务"→"DHCP"，完成安装。DHCP 控制台的运行界面如图 3-2-2 所示。

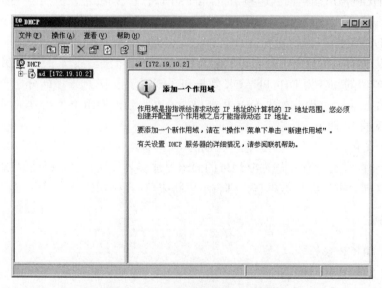

图 3-2-2　DHCP 控制台运行界面

2）创建新的作用域。

单击相应的 DHCP 服务器，选择"新建作用域"命令，打开"新建作用域向导"界面（如图 3-2-3 所示），并给新作用域命名为 scopel（如图 3-2-4 所示）。

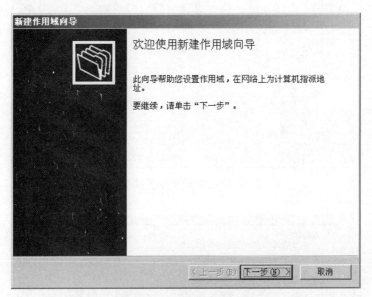

图 3-2-3　新建作用域向导

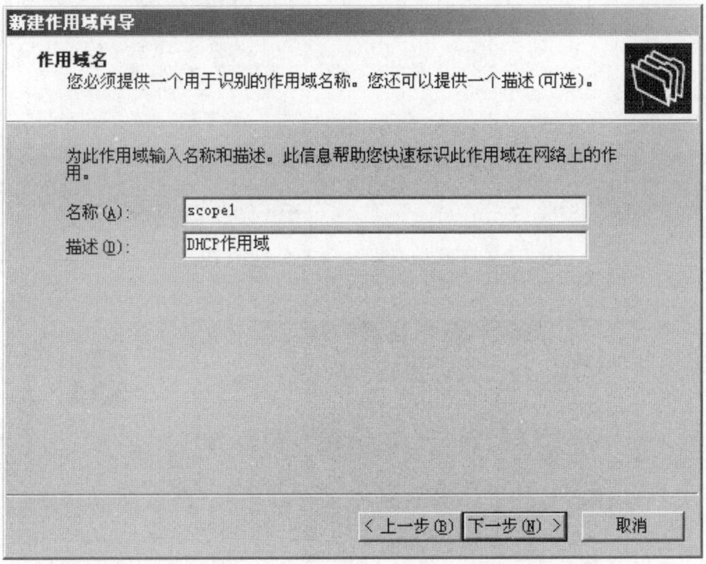

图 3-2-4　为新作用域命名

设置作用域 scopel 要分配的 IP 地址范围为 172.19.10.2～172.19.10.100 和子网掩码 255.255.255.0（如图 3-2-5 所示），并设置不参与自动分配的 IP 地址范围为 172.19.10.40～172.19.10.49（如图 3-2-6 所示）。因此，作用域 scopel 分配的 IP 地址范围实际是 172.19.10.2～172.19.10.39 和 172.19.10.50～172.19.10.100。

设置服务器分配的作用域租约（如图 3-2-7 所示），为分配出去的 IP 地址设置使用时间。

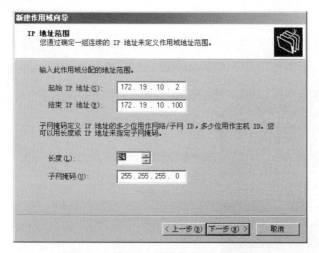

图 3-2-5 设置 IP 地址范围和子网掩码

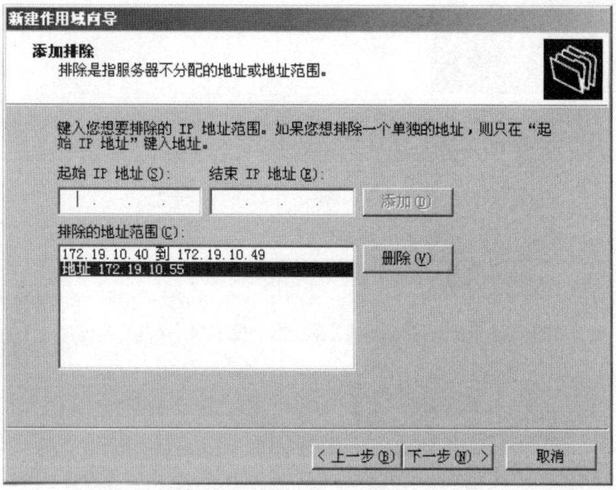

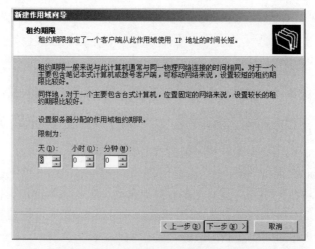

图 3-2-6 设置不参与自动分配的 IP 地址

图 3-2-7 设置服务器分配的作用域租约

　　单击"下一步"按钮，设置 DHCP 客户机使用的路由器或默认网关（如图 3-2-8 所示）以及 DHCP 客户机使用的域名称和 DNS 服务器（如图 3-2-9 所示），最后激活新增加的作用域 scopel（如图 3-2-10 所示），开启 DHCP 服务。

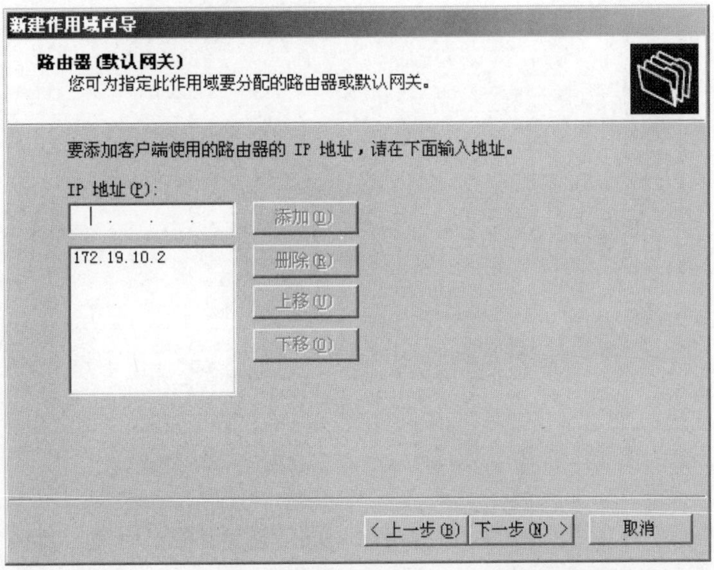

图 3-2-8　设置路由器（默认网关）

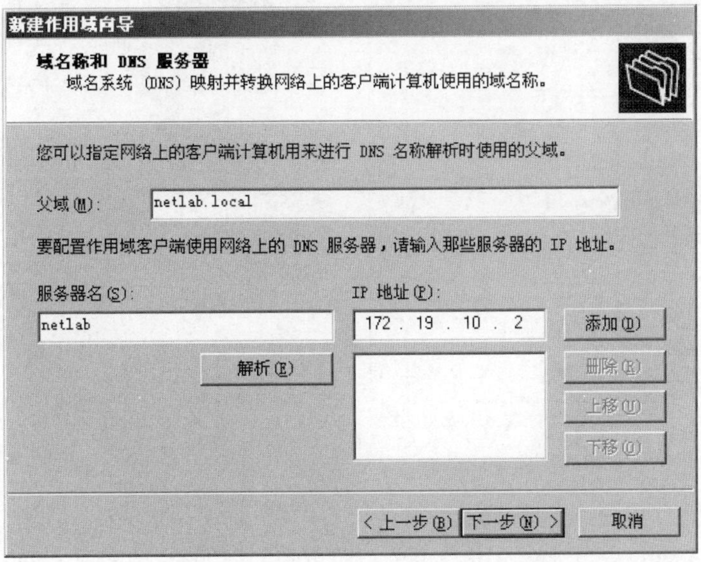

图 3-2-9　设置域名称和 DNS 服务器

　　3）作用域的管理。

　　一个作用域创建后，使用过程中仍可对其相关配置进行修改。在 DHCP 控制台中找到要管理的作用域 scopel，选择它的属性后即可打开如图 3-2-11 所示的"作用域属性"对话框。在"常规"选项卡中可以修改地址范围，在 DNS 选项卡中可以修改 DNS 服务的相关选项（如图 3-2-12 所示），在"高级"选项卡中可以更改 DHCP 起作用的范围。

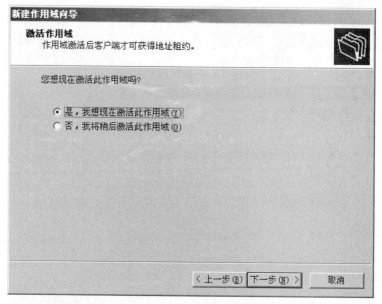

图 3-2-10　激活作用域

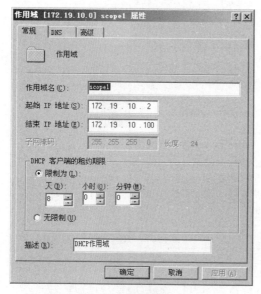

图 3-2-11　修改作用域的基本属性

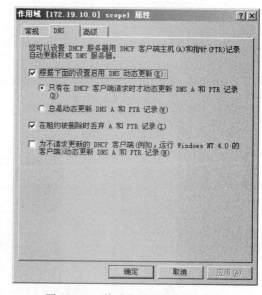

图 3-2-12　修改作用域的 DNS 服务

如果要增加新的 IP 地址排除范围或修改已有的 IP 地址排除范围,可在 DHCP 控制台中找到"地址池"并选择"新建排除范围"菜单,即可弹出如图 3-2-13 所示的对话框。例如,在此输入起始 IP 地址 172.19.10.40 和结束 IP 地址 172.19.10.45。

为了满足用户的特殊需求,DHCP 服务器提供一种"保留地址"功能,设定后可给用户提供指定的 IP 地址。因为用户的设备都有唯一的物理地址,所以 DHCP 服务器能够根据这些物理地址来唯一地标识用户的特殊设备。当特殊设备去申请 IP 地址时,DHCP 服务器判断该设备的物理地址是否用于保留需求,如果是,则给该设置提供指定的 IP 地址。

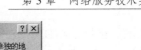

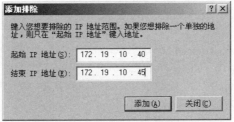

图 3-2-13　修改 IP 地址排除范围

下面来给一台物理地址为 00-0c-29-2b-55-69 的设备设置保留地址为 172.19.10.6。先打开如图 3-2-14 所示的"新建保留"对话框，设定保留名称为 ftp，IP 地址为 172.19.10.6，MAC地址为 00-0c-29-2b-55-69，支持的类型为 DHCP 和 BOOTP。设定后，该台设备只要物理地址没变，就可以申请到指定的 IP 地址 172.19.10.6。

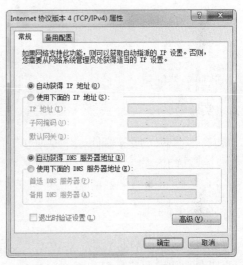

图 3-2-14　设置保留地址　　　　图 3-2-15　客户机的 IP 地址设置

（2）DHCP 客户机的配置。

1）在 DHCP 客户机上，选择"开始"→"设置"→"网络连接"→"本地连接属性"→"Internet 协议属性"，选择"自动获得 IP 地址"和"自动获得 DNS 服务器地址"选项，如图 3-2-15 所示。

2）待 DHCP 客户机启动后，可在"命令提示符"窗口中使用命令"ipconfig /all"查看其获取的 IP 地址和 DNS 服务器地址。

```
PC>ipconfig /all
FastEthernet0 Connection:(default port)
Physical Address...............: 000C.8506.CC18
IP Address......................: 172.19.10.3
Subnet Mask....................: 255.255.255.0
Default Gateway.................: 172.19.10.2
DNS Servers....................: 172.19.10.2
DHCP Servers....................: 172.19.10.254
```

3）在"命令提示符"窗口中使用命令"ipconfig/renew"更新租约，然后用"ipconfig/all"查看其重新获取的 IP 地址和 DNS 服务器地址, 可发现 DHCP 客户机获得了新的 IP 地址 172.19.10.12。

```
PC>ipconfig /all
FastEthernet0 Connection:(default port)
Physical Address................: 000C.8506.CC18
IP Address.....................: 172.19.10.12
Subnet Mask....................: 255.255.255.0
Default Gateway................: 172.19.10.2
DNS Servers....................: 172.19.10.2
DHCP Servers...................: 172.19.10.254
```

4) 如果主机不再需要 IP 地址, 可在 "命令提示符" 窗口中使用命令 "ipconfig/release" 释放。

实验 3 Web 服务器配置

1. 实验名称

Web 服务器配置。

2. 实验目的

(1) 熟悉 Web 服务器的工作原理和工作过程。
(2) 掌握 IIS 的安装。
(3) 掌握 Web 服务器的配置。

3. 实验原理

万维网 (World Wide Web, WWW) 是 Internet 上基于客户机/服务器体系结构的分布式多平台的超文本超媒体信息服务系统, 是 Internet 上最主要的信息服务, 允许用户在一台计算机上通过 Internet 存取另一台计算机上的信息。

互联网信息服务 (Internet Information Server, IIS) 是一种 Web (网页) 服务组件, 其中包括 Web 服务器、FTP 服务器、NNTP 服务器和 SMTP 服务器, 分别用于网页浏览、文件传输、新闻服务和邮件发送, 它使得在网络 (包括互联网和局域网) 上发布信息成了一件很容易的事。

Web 服务器和 Web 浏览器之间的通信是通过 HTTP 协议进行的。在 Web 浏览器发出请求之前, 每个 Web 服务器进程需要不断地侦听 TCP 的端口 80, 以便发现是否有 Web 客户向它发出建立连接请求。一旦侦听到建立连接请求, 即只要在客户端单击某个超链接, HTTP 的工作就开始了。Web 服务器的工作过程如下: 客户端向 Web 服务器发送一个请求, Web 服务器收到请求后进行响应, 将客户端请求的页面在 Web 浏览器上显示, 响应结束后, Web 浏览器和 Web 服务器便会断开, 以保证其他 Web 浏览器和 Web 服务器能够建立连接。

4. 实验内容

(1) 安装 IIS7.0。
(2) 配置和管理 Web 服务。

5. 实验设备

1 台 PC。

6. 实验过程

为了建立 Web 服务，本实验需要准备这样的网页内容：在 PC 上建立文件夹 "C:\my1" "C:\my2" 和 "C:\new"；在文件夹 "C:\my1" 和 "C:\my2" 下分别放置不同内容的 "index.html" 页面；在文件夹 "C:\new" 下放置 "1.html" 页面。该 PC 的 IP 地址是 172.19.10.2 和 172.19.10.5。

（1）安装 IIS 控制台。

选择 "开始" → "设置" → "控制面板" → "添加/删除程序" → "添加/删除 Windows 组件" → "应用程序" → "Internet 信息服务（IIS）"，安装 IIS 服务器。安装完成后，可见如图 3-3-1 所示的 IIS 控制台。

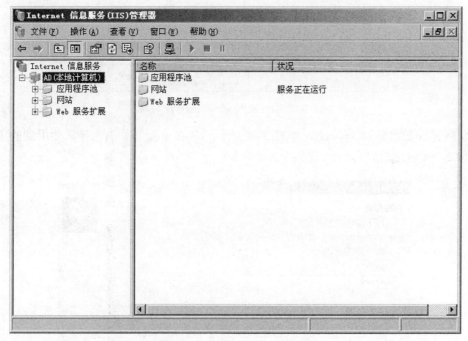

图 3-3-1　IIS 控制台运行界面

（2）使用不同的 IP 地址建立网站。

1）因为不同的网站需要有不同的标记，所以先完成使用不同 IP 地址来区分两个网站的任务。下面给网卡设置两个 IP 地址：172.19.10.2 和 172.19.10.5。具体操作：选择 "开始" → "设置" → "网络连接" → "本地连接属性" → "Internet 协议属性" → "高级 TCP/IP 设置"，添加两个 IP 地址，如图 3-3-2 所示。

2）建立第一个 Web 网站。假设该网站包含的内容是 "C:\my1" 和 "C:\new"，IP 地址是 172.19.10.2。在 IIS 控制台中选择 "AD（本地计算机）"，右击 "网站" 并选择 "新建网站" 命令，打开 "网站创建向导" 对话框。根据向导即可创建第一个 Web 网站。

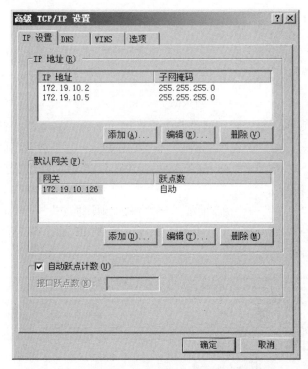

图 3-3-2　给一块网卡添加两个 IP 地址

为新网站设置名称为 myweb（如图 3-3-3 所示），在下拉菜单中选择需要用到的 IP 地址 172.19.10.2，并设定端口为 80（如图 3-3-4 所示）。

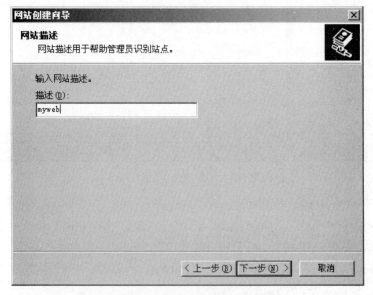

图 3-3-3　设置网站名称为 myweb

为新网站设置主目录（如图 3-3-5 所示），在"网站主目录"界面中的"路径"文本框中输入"C:\my1"，单击"下一步"按钮，在"网站访问权限"界面中设置网站的访问权限为"读取"（如图 3-3-6 所示）。

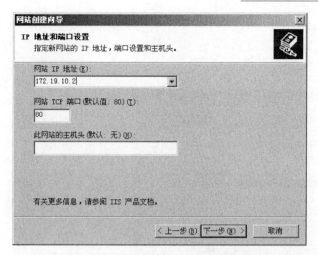

图 3-3-4 设置网站的 IP 地址和端口

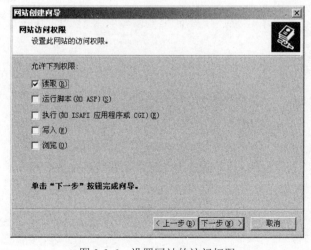

图 3-3-5 设置网站主目录的路径

图 3-3-6 设置网站的访问权限

为新网站设置默认文档（如图 3-3-7 所示），当用户访问网站而不指明某张网页时，用户浏览的就是该网站的默认文档页面。如果默认文档不在图 3-3-7 的列表中可以添加（如图 3-3-8 所示）。

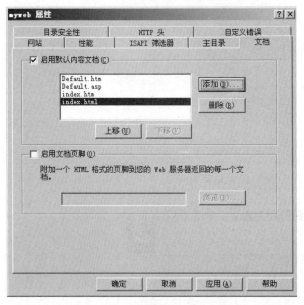

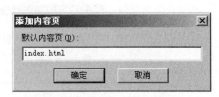

图 3-3-7　设置网站的默认文档　　　　　　　　　图 3-3-8　添加网站的默认文档

为新网站添加虚拟目录，可为网站增加更多的内容。右击 myweb 站点，选择"新建"→"虚拟目录"，在图 3-3-9 所示的对话框中输入目录别名 test，并为其填写内容路径"C:\new"（如图 3-3-10 所示）。添加虚拟目录完成后，同样在"导航菜单"中选择 test 并右击，在弹出的快捷菜单中选择"属性"→"文档"，把"1.html"添加到"启用默认内容文档"列表框中。

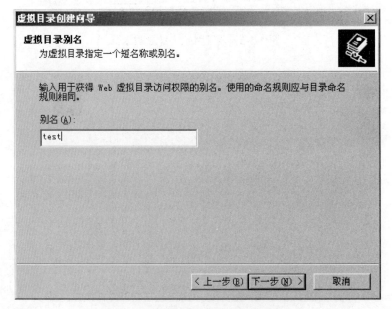

图 3-3-9　设置网站的虚拟目录别名

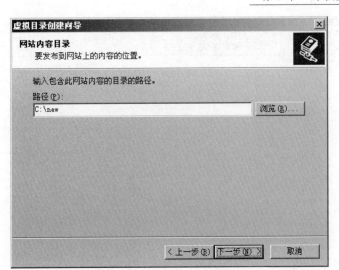

图 3-3-10 添加网站的虚拟目录

3）测试新建立的站点 myweb 和虚拟目录 test。打开 IE 浏览器，在地址栏中输入"http://172.19.10.2/"，网页上的内容如图 3-3-11 所示；在地址栏中输入"http://172.19.10.2/test/"，网页上显示的内容如图 3-3-12 所示。这结果说明第一个 Web 网站建立成功。

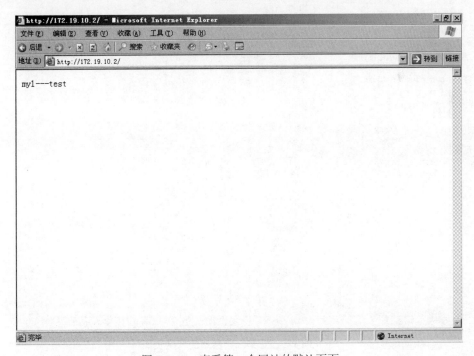

图 3-3-11 查看第一个网站的默认页面

4）建立第二个 Web 网站。假设该网站包含的内容是"C:\my2"，IP 地址是 172.19.10.5。按照建立第一个 Web 网站的步骤去建立第二个 Web 网站。在 IE 浏览器的地址栏中输入"http://172.19.10.5/"，网页上显示的内容如图 3-3-13 所示。这结果说明第二个 Web 网站建立成功。

图 3-3-12　查看虚拟目录的默认页面

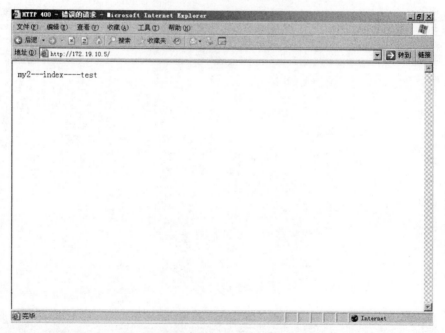

图 3-3-13　查看第二个网站的默认页面

以上三次查看结果说明，使用不同 IP 地址来建立两个网站是成功的。

（3）使用相同的 IP 地址和不同的端口号建立网站，如图 3-3-14 和图 3-3-15 所示。

1）因为不同的网站需要有不同的标记，所以下面使用相同的 IP 地址和不同的端口号来区分两个网站。使用的 IP 地址是 172.19.10.2，两个不同的端口号是 81 和 82。

2）在（2）中实验任务（使用不同的 IP 地址建立网站）的基础上，对两个网站的相关选项进行设置，主要是修改它们的端口号。在第一个网站 myweb 的右键菜单中选择"属性"项，在弹出的"myweb 属性"对话框中选择"网站"选项卡，将"IP 地址"设置为 172.19.10.2，"TCP 端口号"设置为 81，单击"确定"按钮保存设置。在第二个网站 myweb2 的右键菜单中选择"属性"项，在弹出的"myweb2 属性"对话框中选择"网站"选项卡，同样将"IP 地址"设置为 172.19.10.2，"TCP 端口号"设置为 82，单击"确定"按钮保存设置。

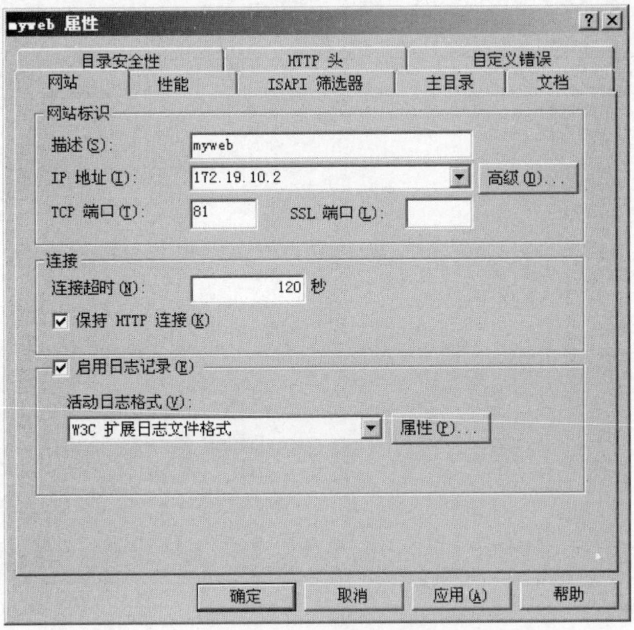

图 3-3-14　修改第一个网站的 IP 地址和端口

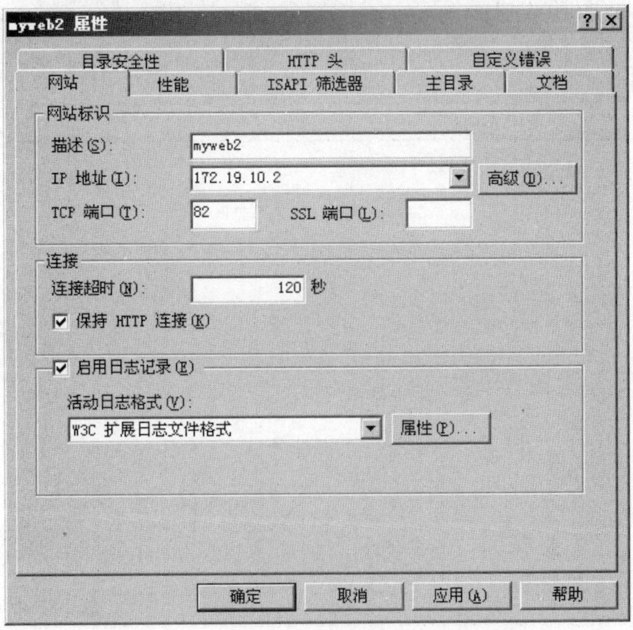

图 3-3-15　修改第二个网站的 IP 地址和端口

3）测试修改相关配置后的网站内容。打开 IE 浏览器，在地址栏中输入"http://172.19.10.2:81/"，网页上显示的内容如图 3-3-16 所示；在地址栏中输入"http://172.19.10.2:82/"，网页上显示的内容如图 3-3-17 所示。这结果说明使用相同的 IP 地址和不同的端口号来区分两个网站成功。

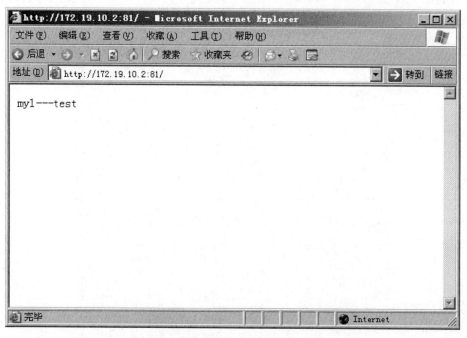

图 3-3-16　查看第一个网站的默认页面

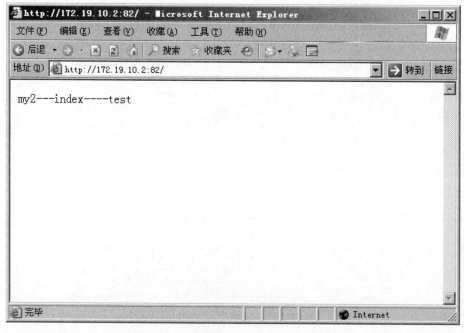

图 3-3-17　查看第二个网站的默认页面

（4）使用不同的主机头名建立网站。

1）上面的实验任务说明 IP 地址和端口都可以用来区分不同的网站，不过使用域名比 IP 地址更容易记忆，所以下面使用域名来区分两个网站。

2）在第一个实验任务（使用不同的 IP 地址建立网站）的基础上，对两个网站的相关选项进行设置，主要是修改它们的主机头名。但在设置前，先要在本机上配置 DNS 服务器并增加域名和 IP 地址的对应关系。

3）配置 DNS 服务器。在 DNS 服务器中建立正向搜索区域并添加三条记录：第一条主机记录名称为 a2.netlab.local，IP 地址是 172.19.10.2（如图 3-3-18 所示）；第二条别名记录为 www.a，主机的完整名称为 a2.netlab.local（如图 3-3-19 所示）；第三条别名记录为 www.b，主机的完整名称为 a2.netlab.local（如图 3-3-20 所示）。这些操作完成后，在 DNS 操作台上显示了相关结果（如图 3-3-21 所示）。

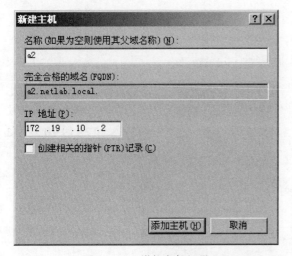

图 3-3-18 增加主机记录

图 3-3-19 增加别名记录

图 3-3-20 增加别名记录

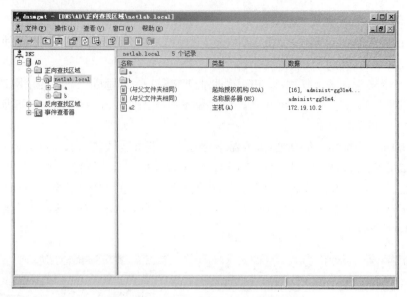

图 3-3-21　增加主机和别名记录的结果

4）设置本机使用的 DNS 服务器地址为 172.19.10.2。按照如下步骤来填写：选择"开始"
→"设置"→"网络连接"→"本地连接属性"→"Internet 协议属性"，在"常规"选项卡中
选择"使用下面的 DNS 服务器地址"，在"首选 DNS 服务器"文本框中输入"172.19.10.2"（如
图 3-3-22 所示）。

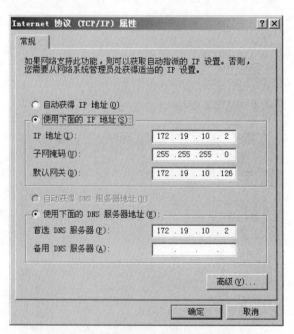

图 3-3-22　设置本机使用的 DNS 服务器地址

5）为两个网站选择不同的主机头名。在第一个网站 myweb 的右键菜单中选择"属性"项，
在弹出的"myweb 属性"对话框中选择"网站"选项卡，单击"高级"按钮，在弹出的"高
级网站标识"对话框中单击"添加"按钮，在弹出的"添加/编辑网站标识"对话框中将"IP

地址"设置为 172.19.10.2,"TCP 端口号"设置为 80,主机头名设置为 www.a.netlab.local,单击两次"确定"按钮保存设置(如图 3-3-23 和图 3-3-24 所示)。在第二个网站 myweb2 的右键菜单中选择"属性"项,在弹出的"myweb2 属性"对话框中选择"网站"选项卡,单击"高级"按钮,在弹出的"高级网站标识"对话框中单击"添加"按钮,在弹出的"添加/编辑网站标识"对话框中将"IP 地址"同样设置为 172.19.10.2,"TCP 端口号"设置为 82,主机头名设置为 www.b.netlab.local,单击两次"确定"按钮保存设置(如图 3-3-25 和图 3-3-26 所示)。

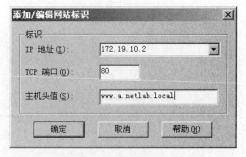

图 3-3-23 添加第一个网站的主机头名(一)　　　图 3-3-24 添加第一个网站的主机头名(二)

图 3-3-25 添加第二个网站的主机头名(一)　　　图 3-3-26 添加第二个网站的主机头名(二)

6)测试修改相关配置后的网站内容。打开 IE 浏览器,在地址栏中输入"http://www.a.netlab.local/",网页上显示的内容如图 3-3-27 所示;在地址栏中输入"http://www.b.netlab.local/",网页上显示的内容如图 3-3-28 所示。这结果说明使用不同主机头名来区分两个网站成功。

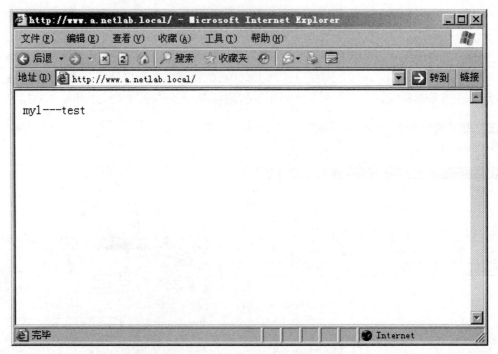

图 3-3-27　查看第一个网站的默认页面

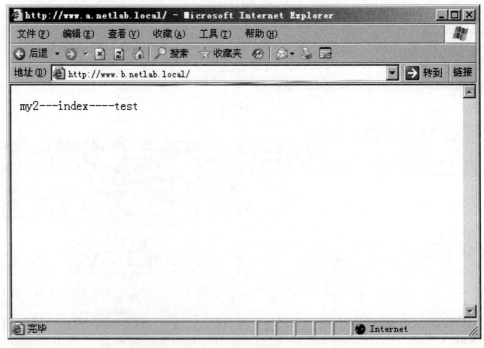

图 3-3-28　查看第二个网站的默认页面

实验 4　代理服务器配置

1. 实验名称

代理服务器配置。

2. 实验目的

（1）理解代理服务器的工作原理。
（2）掌握代理服务器的安装。
（3）掌握代理服务器的配置、使用和管理。

3. 实验原理

代理服务器（Proxy Server）是介于 Web 浏览器和 Web 服务器之间的一台服务器，其功能是代理网络用户去获取网络信息。当通过代理服务器上网浏览时，浏览器不是直接到 Web 服务器去取回网页，而是通过代理服务器来进行转发，并对转发进行控制和登记。代理服务器的主要功能有：

（1）能提高对网络的访问速度。代理服务器通常都有缓冲的功能，当有用户访问某一站点的信息通过时，便会被保存在代理服务器的缓冲区中。当下次再有其他用户访问这个站点的相同信息时，这些内容就直接从缓冲区中被获取并传送给用户，这样可以节约成本、提高访问速度。

（2）可以设置用户验证和记账功能。通过代理服务器，可以对用户进行验证和记账，没有登记的用户不能通过代理服务器访问 Internet。对已登记的用户可以对其访问时间、访问地点、信息流量进行统计。

（3）对用户设置不同的访问权限，进行分级管理。

（4）可以作为防火墙。使用代理服务器，内部网的所有用户对外是不可见的，所以外界不能直接访问到内部网。同时，通过代理服务器可以设置 IP 地址过滤，限制内部网对外部的访问权限。

（5）节省 IP 开销。使用代理服务器，只需给代理服务器设置一个合法 IP 地址，局域网内其他用户使用伪 IP 地址，这样可以节约大量的 IP，降低网络的维护成本。

4. 实验内容

（1）安装 CCProxy 代理服务器软件。
（2）建立代理服务。
（3）设置其他机器通过该代理服务器访问 Internet。

5. 实验拓扑

（1）PCA 的 IP 地址为 172.19.10.1，子网掩码为 255.255.255.0。
（2）PCB 的 IP 地址为 172.19.10.2，子网掩码为 255.255.255.0。
网络连接拓扑图如图 3-4-1 所示。

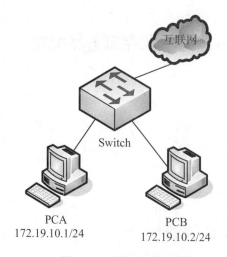

图 3-4-1　网络连接拓扑图

6．实验设备

2 台联网的计算机。

7．实验过程

本实验使用 2 台 PC，一台当作 CCProxy 代理服务器，它的 IP 地址是 172.19.10.1；另一台设置为通过 CCProxy 代理服务器访问 Internet 的客户机，它的 IP 地址是 172.19.10.2。

（1）安装 CCProxy 代理服务器并运行（如图 3-4-2 所示）。

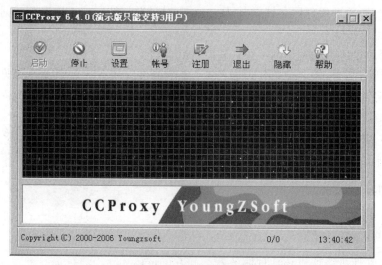

图 3-4-2　CCProxy 代理服务器的运行界面

（2）对客户机不做任何限制的代理服务设置。

1）设置 CCProxy 代理服务器。单击"账号"按钮，在"账号管理"对话框的"允许范围"下拉列表框中选择"允许所有"（如图 3-4-3 所示）。需要注意的是，"允许所有"选项是默认状态，表示允许所有客户端上网，此方法适用于不需要对客户端进行上网限制的情况。

图 3-4-3　设置不做任何限制的代理服务

　　2）设置客户机的 IE 浏览器通过代理服务器上网。按照如下步骤进行：启动 IE 浏览器，选择"工具"→"Internet 选项"→"连接"→"局域网设置"（选中"代理服务器"下的"为 LAN 使用代理服务器"复选项，如图 3-4-4 所示）。单击"高级"按钮，在"代理服务器设置"对话框中设置 HTTP 代理，将"要使用的代理服务器地址"填写为 CCProxy 代理服务器的 IP 地址，例如 172.19.10.1，"端口"填写为 808（该端口号要求跟 CCProxy 代理服务器中设置的一样，如图 3-4-5 所示）。

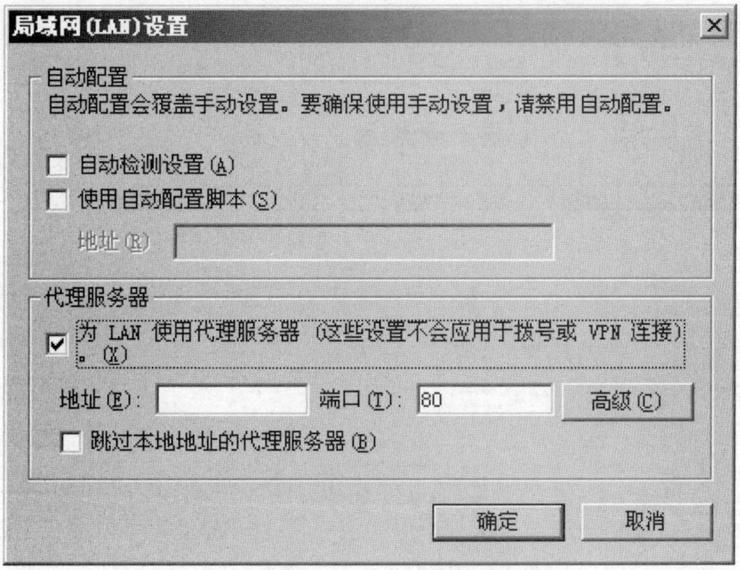

图 3-4-4　设置 LAN 使用代理服务器

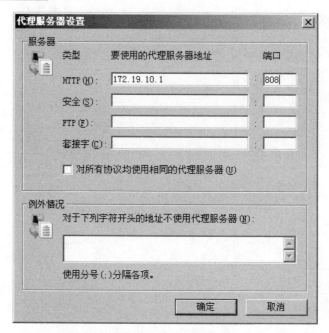

图 3-4-5　设置使用的代理服务器信息

3）经测试客户机的 IE 浏览器确实能够上网，说明该客户机能通过代理服务上网。

（3）限制客户机在某个时间段内不能上网。

1）设置 CCProxy 代理服务器的"时间安排"规则。按照如下步骤进行：单击"账号"按钮，在"账号管理"对话框中将"允许范围"设置为"允许部分"，将"验证类型"设置为"用户/密码"（如图 3-4-6 所示）。此处使用"用户/密码"验证方式，是指客户机的身份通过用户名和密码来验证，其他验证方式请参考 CCProxy 代理服务器软件的帮助手册。

图 3-4-6　设置指定限制的代理服务

　　单击"时间安排"按钮，在"时间安排"对话框中设置时间安排规则（如图 3-4-7 所示）。设置"时间安排名"为 TimeSchedule-1；单击"星期三"后的按钮，进入"时间表"对话框（如图 3-4-8 所示），选定时间的安排（注意，此处要根据做实验的时间来设置。例如 6 班学生在星期三做实验，那么可以设置"星期三"的时间来完成实验任务。另外，取消的时间要根据学生做实验的时间来自由决定，例如做实验是下午 3 点左右，那么可以取消对 15:00 的选择）。单击"确定"按钮返回到"时间安排"对话框，再次单击"确定"按钮完成时间安排规则的设置。

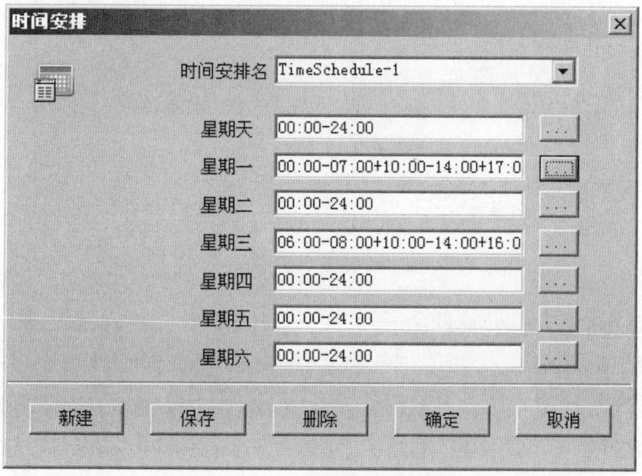

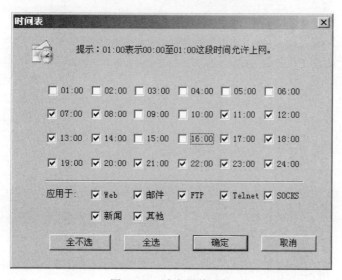

图 3-4-7　设置时间安排规则

图 3-4-8　选定具体时间

　　2）为客户机在代理服务器中添加账号。在"账号管理"对话框中单击"新建"按钮，在"账号"对话框中填写账号信息（如图 3-4-9 所示）。选中"允许"复选项，在"用户名/组名"文本框中填写 name01；选中"密码"复选项，并在后面的文本框中填写密码 123456；选中"时间安排"复选项，并在后面的下拉列表框中选择前面步骤中设置的时间安排名 TimeSchedule-1。

图 3-4-9　设置代理的新账号

3）客户机的设置跟（2）实验任务中一样，但在使用 IE 浏览器上网时需要输入用户名 name01 和密码 123456（注意，此处使用的账号必须是设置了时间安排的用户，否则不能达到实验的目的）。经测试客户机的 IE 浏览器确实能够上网，说明该客户机能通过代理服务上网，并且在代理服务器中可以看到该用户的连接情况（如图 3-4-10 所示）。

图 3-4-10　客户机联网后的代理服务情况

（4）限制客户机不能访问网站 www.baidu.com。

1）设置 CCProxy 代理服务器的"网站过滤"规则。按照如下步骤进行：单击"账号"按钮，在"账号管理"对话框中将"允许范围"设置为"允许部分"，将"验证类型"设置为"用户/密码"。

单击"网站过滤"按钮，在"网站过滤"对话框中设置网站过滤规则（如图 3-4-11 所示）。设置"网站过滤名"为 WebFilter-1；选中"站点过滤"复选项，并选中"禁止站点"单选项，在文本框中输入 www.baidu.com，单击"确定"按钮完成网站过虑规则的设置。

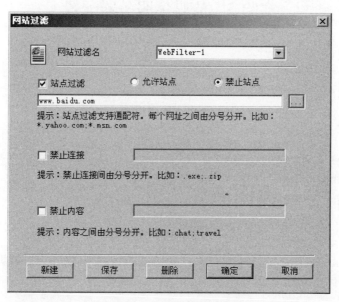

图 3-4-11　设置网站过滤规则

2）为客户机在代理服务器中添加账号。在"账号管理"对话框中单击"新建"按钮，在弹出的"账号"对话框中填写账号信息。选中"允许"复选项，在"用户名/组名"文本框中填写 name02；选中"密码"复选项，在后面的文本框中填写密码 123456；选中"网站过虑"复选项，并在后面的下拉列表框中选择前面步骤中设置的网站过虑名 WebFilter-1。

3）客户机的设置跟（2）实验任务中一样，但在使用 IE 浏览器上网时需要输入用户名 name02 和密码 123456（注意，此处使用的账号必须是设置了网站过虑的用户，否则不能达到实验的目的）。经测试客户机的 IE 浏览器确实能够上网，说明该客户机能通过代理服务上网，并且在代理服务器中可以看到该用户的连接情况（如图 3-4-12 所示）。

图 3-4-12　客户机联网后的代理服务情况

实验 5　流媒体服务器配置

1．实验名称

流媒体服务器配置。

2．实验目的

（1）理解流媒体服务器的工作原理。

（2）掌握 Windows Media 服务器的安装。

（3）掌握 Windows Media 服务器的配置、使用和管理。

3．实验原理

流媒体（Stream Media）是指在网络上进行流式传输的连续实时播放的多媒体文件，如音频、视频和三维媒体文件等多媒体文件经过特定的压缩方式制成压缩包，由视频服务器向用户计算机顺序传送。

采用流媒体可以提高多媒体在网上实时播放的质量和流畅程度。由于多媒体文件的数据量非常大，如果采用传统的把文件从网上下载到本地磁盘的方式，会受到网络带宽的限制，从而让用户等待的时间太长，并且会占用用户大量的磁盘空间。而采用实时播放的方式，可以直接将多媒体信息从网上逐步下载到本地缓存中，在下载的同时播放已经下载的部分，用户不必等到整个文件下载完毕再播放，这样既避免了等待太久，也不会占用太多的磁盘空间。

4．实验内容

（1）安装 Windows Media 服务器。

（2）建立流媒体服务。

（3）访问流媒体服务器。

5．实验拓扑

如图 3-5-1 所示，计算机 Media Server 的 IP 地址为 172.19.10.16，子网掩码为 255.255.255.0。

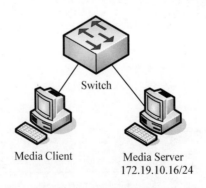

图 3-5-1　网络连接拓扑图

6. 实验设备

2 台计算机和 1 台交换机。

7. 实验过程

为了建立流媒体服务，本实验需要准备以下流媒体文件：在计算机 Media Server 上建立文件夹 "C:\mymovie"，拷贝一些流媒体文件到该文件夹中。使用的计算机 Media Server 的 IP 地址是 172.19.10.16，主机名为 A16。

（1）安装 Windows Media Services。

在 Windows 系统下按照如下步骤进行安装：选择 "开始" → "设置" → "控制面板" → "添加/删除程序" → "添加/删除 Windows 组件" → Windows Media Services（如图 3-5-2 所示）。

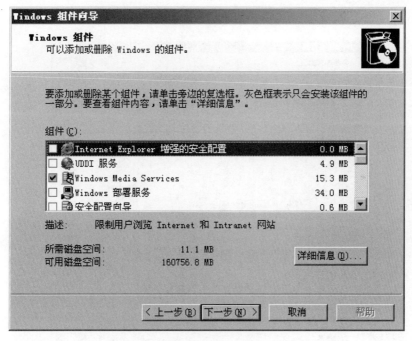

图 3-5-2　安装 Windows Media Services

（2）使用 Windows Media Services 提供点播服务。

1）创建和设置发布点 mymovie。右击 "发布点"，选择 "添加发布点向导" 来完成发布点的创建（如图 3-5-3 和图 3-5-4 所示）。在 "内容类型" 界面中选中 "目录中的文件（数字媒体或播放列表）（适用于通过一个发布点实现点播播放）" 单选项（如图 3-5-5 所示）。

在 "发布点类型" 界面中选中 "点播发布点" 单选项（如图 3-5-6 所示），在 "目录位置" 界面中选择路径 "C:\mymovie"（如图 3-5-7 所示），再在 "内容播放" 界面中选择 "循环播放（连续播放内容）" 复选项，单击 "下一步" 按钮，在 "单播日志记录" 界面中选中 "是，启用该发布点的日志记录" 复选框（如图 3-5-8 和图 3-5-9 所示），确认发布点各项信息没错后，在 "正在完成'添加发布点向导'" 界面中单击 "完成" 按钮，完成发布点添加（如图 3-5-10 和图 3-5-11 所示）。

图 3-5-3　添加发布点向导

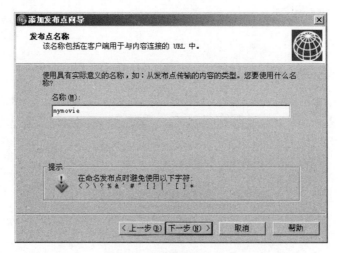

图 3-5-4　设置发布点名称

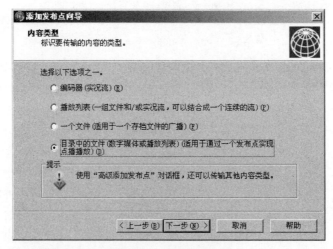

图 3-5-5　设置内容类型

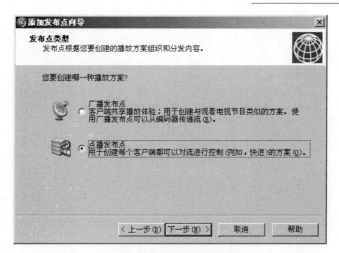

图 3-5-6　设置发布点类型

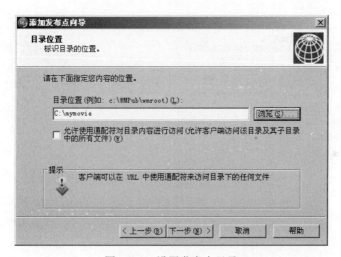

图 3-5-7　设置发布点目录

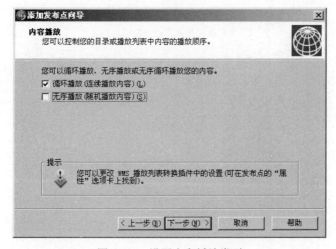

图 3-5-8　设置内容播放类型

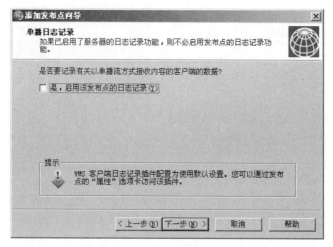

图 3-5-9　启用发布点日志记录

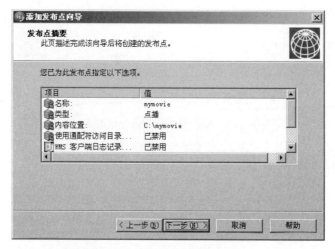

图 3-5-10　发布点设置信息确认

图 3-5-11　完成发布点添加

2）测试发布点的流媒体文件。为了对外开放一个正常使用的发布点，需要检验刚添加的发布点功能的正确性。按照如下步骤开展验证工作：选择刚建立的发布点 mymovie，单击"源"选项卡，在"当前目录"区域下选择一个流媒体文件，右击并选择"测试此文件"选项，弹出"测试流"窗口进行测试（如图 3-5-12 和图 3-5-13 所示）。

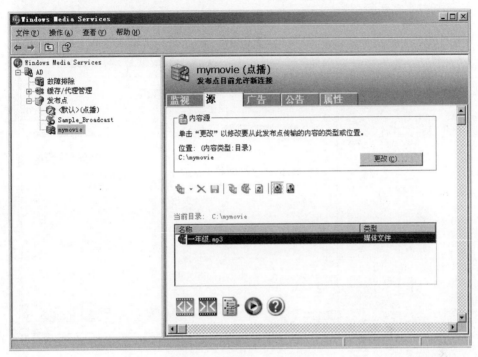

图 3-5-12　选择发布点内容

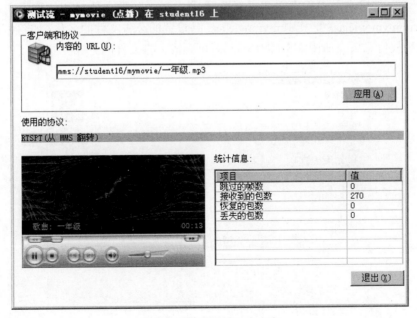

图 3-5-13　测试发布点内容

3）使用公告文件公告点播内容。在建立点播发布点之后，为了让用户能够知道并访问该点播服务，可以通过公告文件来发布点播内容。选择刚建立的发布点 mymovie，单击"公告"选项卡，单击"运行单播公告向导"按钮来完成公告文件的生成（如图 3-5-14 所示）。

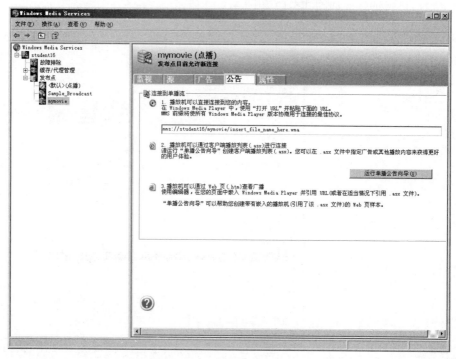

图 3-5-14　启动单播公告向导

启动单播公告向导后，选择要公告的内容"C:\mymovie\一年级.mp3"（如图 3-5-15 所示）。单击"下一步"按钮进入"保存公告选项"界面，在"公告文件名和位置"文本框中填写"C:\mymovie\mymovie.asx"，其中 mymovie.asx 是设置的公告文件的名称（如图 3-5-16 所示）。设置完相关版权信息后（如图 3-5-17 所示）即可完成公告文件的生成。

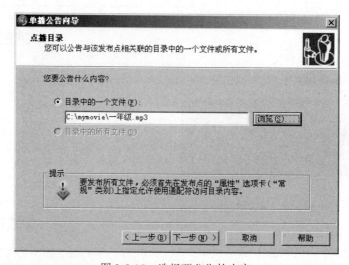

图 3-5-15　选择要公告的内容

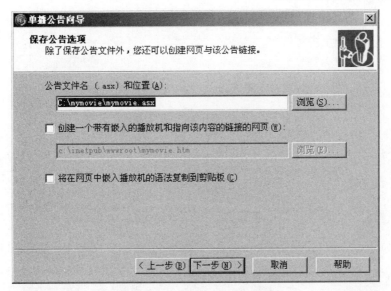

图 3-5-16　设置公告文件名称

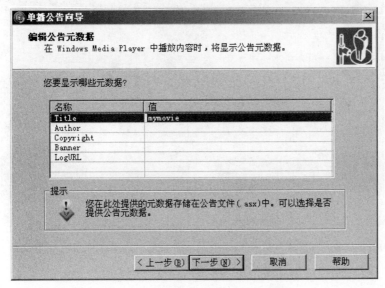

图 3-5-17　设置公告内容的版权信息

公告文件生成后，可以在本机上进行测试（如图 3-5-18 和图 3-5-19 所示）。如果需要在其他机器上播放该发布点的内容，也可以先将公告文件拷贝到该机器上，再用 Windows Media Player 打开公告文件即可。

（3）在客户机上使用 Windows Media Player 播放。

在客户机上启动 Windows Media Player，使用"打开 URL"菜单命令打开流媒体文件路径。播放单个流媒体文件时，输入需要播放的流媒体文件的路径。路径格式：协议名://服务器名/发布点名称/流媒体文件名，例如 mms://A×/mymovie/industrial.wmv（如图 3-5-20 所示）。在客户机上也可以使用公告文件来播放流媒体文件，这时填写的是公告文件路径。路径格式：路径/公告文件名，例如 F:\mymovie\mymovie.asx（如图 3-5-21 所示）。

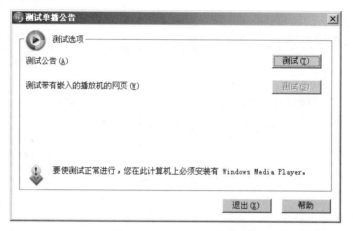

图 3-5-18　打开公告文件

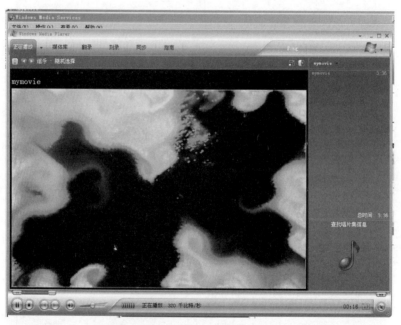

图 3-5-19　测试公告文件中的内容

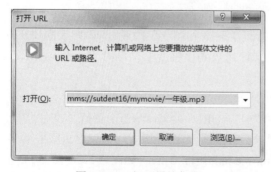

图 3-5-20　打开播放内容

图 3-5-21　打开公告文件

第4章 复杂组网技术实验

实验1 交换机基本配置

1．实验名称

交换机基本配置。

2．实验目的

掌握交换机的连接方法、管理特性和常用的配置命令。

3．实验原理

（1）交换机的工作原理。

最初的以太网通常是借助一根同轴电缆连接多台计算机来组成的。该网络中的全部计算机以共享的方式使用这段同轴电缆。因此，当某台计算机占用电缆发送数据时，其他计算机只能等其发送完毕后，才能抢占该电缆来发送自己的数据。换句话来说，如果同时有2台计算机发送数据，将会发生冲突，造成数据传输的失败。这种共享式以太网的传输效率会随着网络中计算机数量的增加而降低。

为了解决上述问题，独占式以太网被提出，而交换机就是组建该类网络的核心设备。这种交换机的接口两两之间都有独立的路径。使用交换机组建网络时，每台计算机都被接入交换机的一个接口，当某台计算机发送数据给另一台计算机时，另外两对计算机也可进行数据的传输。跟共享式以太网相比，独占式以太网实际上是减小了冲突域的范围。

交换机之所以能将数据准确地发送到指定的接口，是因为它内部维护了一张 MAC 地址表。通过查找该表可以得到目的计算机和接口的对应关系，找到数据帧应该发往的接口。

交换机包含很多重要的硬件组成部分，如业务接口、主板、CPU、内存、Flash、电源系统等。交换机的软件主要包括引导程序和核心操作系统两部分。

（2）交换机的连接方法。

交换机的连接方法可以分为带外管理和带内管理两种。在图 4-1-1 中，将一台终端连接交换机的 Console 接口对交换机进行配置的方式属于带外管理，而 Telnet 远程登录配置、SNMP 远程管理和 TFTP 配置等都属于带内管理。其中，最为常用的交换机配置方法是 Console 接口配置和 Telnet 远程登录配置。

（3）交换机的工作模式。

交换机的工作模式主要有用户模式、特权模式和全局配置模式三种。

1）用户模式：交换机开机后，直接进入用户模式，这时在超级终端显示的标识符为"交换机名>"，例如"SA>"。

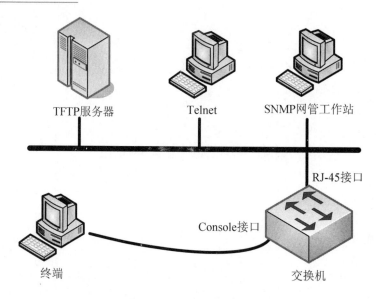

图 4-1-1　交换机的连接方法

2）特权模式：在用户模式下，输入命令"enable"后按回车键，交换机进入特权模式，这时在超级终端显示的标识符为"交换机名#"，例如"SA#"。

3）全局配置模式：在特权模式下，输入命令"configure terminal"后按回车键，交换机进入全局配置模式，这时在超级终端显示的标识符为"交换机名(config)#"，例如"SA(config)#"。

若需要退回到上级模式，只要在当前模式中输入命令"exit"后按回车键即可。例如，输入"SA(config)#exit"，可以从全局配置模式退回到特权模式"SA#"。

另外，在全局配置模式下还可以根据配置任务进入到不同的模式下开展工作，例如接口配置模式、VLAN 配置模式、接口安全配置模式等，如图 4-1-2 所示。

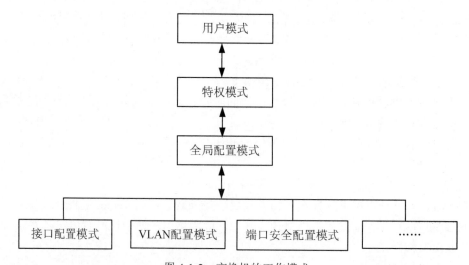

图 4-1-2　交换机的工作模式

因为交换机在不同的模式下有不同的变化，也对不同模式能完成的任务做了限制，所以在进行配置时需要注意配置视图的变化，注意特定的命令只能在特定的配置视图下进行。

（4）交换机的常用帮助。

从上面可以看出交换机的配置需要注意很多的细节。那么，当我们在工程中忘记了配置命令，或者想了解交换机的某些功能要怎样配置时，要学会通过查找交换机的帮助来获得需要的知识。我们可以借助交换机提供的帮助功能快速完成命令的查找和配置。通常交换机中有以下两种提供帮助的形式。

- 完全帮助：在任何模式视图下，输入"?"可获取该视图下的所有命令和简单描述。
- 部分帮助：在输入任何命令的过程中，接着输入"?"。如果该位置为关键字，则列出全部关键字及其描述；如果该位置为参数，则列出有关的参数描述。

4．实验内容

使用 Console 接口连接线或双绞线与交换机连接，然后登录到交换机上，熟悉交换机几种工作模式的视图切换，查看交换机的系统和配置信息，配置交换机的名称，管理 IP 地址和接口属性等。

5．实验拓扑

本次实验使用的网络拓扑如图 4-1-3 所示。在该网络中，终端 PC 跟交换机 SA 的 Console 接口或者 FastEthernet 0/1 接口连接。假设 PC 的 IP 地址和子网掩码为 172.19.10.2 和 255.255.255.0，交换机 SA 的管理 IP 地址和子网掩码为 172.19.10.1 和 255.255.255.0。

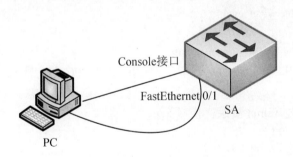

图 4-1-3　网络拓扑图

实验时，先使用线缆将 PC 与交换机 SA 的 Console 接口连接，对交换机 SA 进行必要的初始化配置后再使用线缆将 PC 跟交换机 SA 的 FastEthernet 0/1 接口连接，查看交换机 SA 的系统和配置信息。

6．实验设备

交换机 1 台，PC 1 台，Console 接口连接线 1 对，双绞线 1 对；或者是锐捷搭建的网络实验室环境。

7．实验过程

（1）使用线缆将 PC 与交换机 SA 的 Console 接口连接。
（2）在 PC 上使用超级终端登录交换机 SA。
在 Windows 操作系统中，可在"附件工具"→"通讯"中找到"超级终端"工具。在"超级终端"新建一个连接：命名和选用图标，选串口 COM1 或 COM2（学生机连 TCP/IP），配置还原为默认值。退出后，按回车键即进入与交换机的连接状态：

    R1_S2628_1>

注意： 也可使用专用工具登录交换机 SA。另外，如果是在锐捷网络实验室的环境中，则交换机早已经被初始化，可以使用 Telnet 命令登录指定的交换机。例如，某台交换机的地址为 172.19.10.197，端口为 2001，则输入"telnet 172.19.10.197 2001"可登录该台交换机。

（3）更改交换机 SA 的名称。

    R1_S2628_1>enable

    R1_S2628_1#configure terminal

    Enter configuration commands, one per line.　End with CNTL/Z.

    R1_S2628_1(config)#hostname SA

    SA(config)#

（4）配置交换机 SA 的管理 IP 地址。

    SA(config)# interface vlan 1

    SA(config-if-VLAN 1)#ip add

    SA(config-if-VLAN 1)#ip address 172.19.10.1　255.255.255.0

    SA(config-if-VLAN 1)#no shutdown

（5）配置交换机 SA 的远程登录密码。

    SA(config)# enable secret level 1 0 star

（6）配置交换机 SA 的特权模式密码。

    SA(config)#enable secret level 14 0 star

（7）保存配置。

    SA# copy running-config　startup-config

（8）配置 PC 的 IP 地址和子网掩码，并使用线缆将 PC 与交换机 SA 的 FastEthernet 0/1 接口连接。

（9）在 PC 上通过 Telnet 登录交换机 SA。

    C:\telnet 172.19.10.1

（10）查看交换机 SA 的系统信息。

    SA# show version

    System description   : Ruijie Gigabit Security & Intelligence Access Switch (S2628G-I)

                          By Ruijie Networks

    System start time   : 2017-09-08 8:51:58

    System uptime   : 0:0:25:17

    System hardware version   : 1.01

    System software version   : RGOS 10.4(3b2)p1 Release(136500)

    System BOOT version   : 10.4(3b2) Release(136500)

    System CTRL version   : 10.4(3b2) Release(136500)

    System serial number   : 9058FMB071230

    Device information:

      Device-1:

        Hardware version   : 1.01

        Software version   : RGOS 10.4(3b2)p1 Release(136500)

        BOOT version   : 10.4(3b2) Release(136500)

        CTRL version   : 10.4(3b2) Release(136500)

　　　　　Serial number　　　　　: 9058FMB071230

（11）查看交换机 SA 的配置信息。

```
SA#show running-config
Building configuration...
Current configuration : 1328 bytes
!
version RGOS 10.4(3b2)p1 Release(136500)(Tue May 29 14:08:02 CST 2012 -ngcf62)
hostname SA
!
nfpp
!
vlan 1
!
no service password-encryption
ip http authentication local
!
enable service web-server http
enable service web-server https
!
interface FastEthernet 0/1
!
interface FastEthernet 0/2
!
interface FastEthernet 0/3
!
interface FastEthernet 0/4
!
interface FastEthernet 0/5
!
interface FastEthernet 0/6
!
interface FastEthernet 0/7
!
interface FastEthernet 0/8
!
interface FastEthernet 0/9
!
interface FastEthernet 0/10
!
interface FastEthernet 0/11
!
interface FastEthernet 0/12
!
interface FastEthernet 0/13
!
interface FastEthernet 0/14
```

```
        !
        interface FastEthernet 0/15
        !
        interface FastEthernet 0/16
        !
        interface FastEthernet 0/17
        !
        interface FastEthernet 0/18
        !
        interface FastEthernet 0/19
        !
        interface FastEthernet 0/20
        !
        interface FastEthernet 0/21
        !
        interface FastEthernet 0/22
        !
        interface FastEthernet 0/23
        !
        interface FastEthernet 0/24
        !
        interface GigabitEthernet 0/25
        !
        interface GigabitEthernet 0/26
        !
        interface GigabitEthernet 0/27
        !
        interface GigabitEthernet 0/28
        !
        interface VLAN 1
          no ip proxy-arp
          ip address 172.19.10.1    255.255.255.0
        !
        line con 0
        line vty 0 4
          login
        !
        !
        end
```

（12）配置交换机 SA 的 FastEthernet 0/2 接口。

```
        SA(config)#interface fastEthernet 0/2
        SA(config-if-FastEthernet 0/2)#speed 10
        SA(config-if-FastEthernet 0/2)#duplex half
```

从上面每个步骤交换机的反馈结果可知，对交换机的初始化操作成功。之后能通过 Telnet 连接到交换机并成功进行其他操作。

实验 2　路由器基本配置

1．实验名称

路由器基本配置。

2．实验目的

掌握路由器的连接方法、管理特性和常用的配置命令。

3．实验原理

（1）路由器的工作原理。

路由器是工作在网络层的核心设备，它的两大功能是路由选择和存储转发。路由选择，是路由器要根据获知的网络拓扑信息为目的网络确定一条最佳路径；存储转发，即路由器有能力接收数据报，并按照最佳路径将其转发到指定接口。

路由器的优点有：①路由器适合用于连接多个具有复杂网络拓扑结构的网络；②路由器能够将一个大的广播域划分为多个小的广播域，减少和抑制了广播风暴的影响；③路由器可以使用多种不同的路由协议，使其能连接异构网络；④路由器能进行流控，严格控制网络的数据流向，提高网络的安全性；⑤路由器能限制路由记录信息的传播，对外隐蔽内网的网络拓扑，保护内网不被外界获知。

路由器的缺点有：①路由器的初始化配置步骤稍多，增加了安装和维护的工作量；②路由器使用的动态路由协议产生流量，占用网络带宽；③路由器转发数据报比交换机的时延长。

（2）路由器的连接方法。

路由器的连接方法可以分为带外管理和带内管理两种。在图 4-2-1 中，将一台终端连接路由器的 Console 接口对路由器进行配置的方式属于带外管理，而 Telnet 远程登录配置、SNMP 远程管理和 TFTP 配置等都属于带内管理。其中，最为常用的路由器配置方法是 Console 接口配置和 Telnet 远程登录配置。

（3）路由器的工作模式。

路由器的工作模式主要有用户模式、特权模式和全局配置模式三种。

1）用户模式：路由器开机后，直接进入用户模式，这时在超级终端显示的标识符为"路由器名>"，例如"RA>"。

2）特权模式：在用户模式下，输入命令"enable"后按回车键，路由器进入特权模式，这时在超级终端显示的标识符为"路由器名#"，例如"RA#"。

3）全局配置模式：在特权模式下，输入命令"configure terminal"后按回车键，路由器进入全局配置模式，这时在超级终端显示的标识符为"路由器名(config)#"，例如"RA(config)#"。

若需要退回到上级模式，只要在当前模式中输入命令"exit"后按回车键即可。例如，输入"RA(config)#exit"，可以从全局配置模式退回到特权模式"RA#"。

另外，在全局配置模式下还可以根据配置任务进入到不同的模式下开展工作，例如接口配置模式、ACL 配置模式、路由配置模式等，如图 4-2-2 所示。

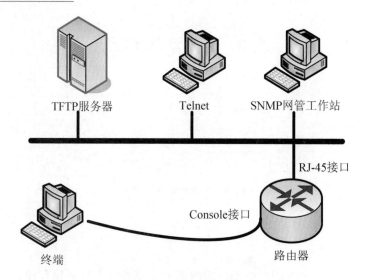

图 4-2-1　路由器的连接方法

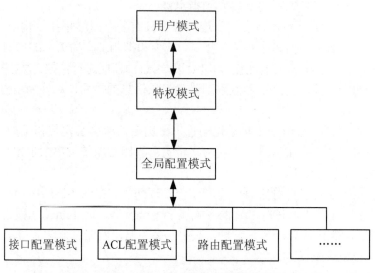

图 4-2-2　路由器的工作模式

因为路由器在不同的模式下有不同的变化，也对不同模式能完成的任务做了限制，所以在进行配置时需要注意配置视图的变化，注意特定的命令只能在特定的配置视图下进行。

（4）路由器的常用帮助。

从上面可以看出路由器的配置需要注意很多的细节。那么，当我们在工程中忘记了配置命令，或者想了解路由器的某些功能要怎样配置时，要学会通过查找路由器的帮助来获得需要的知识。我们可以借助路由器提供的帮助功能快速完成命令的查找和配置。通常路由器中有以下两种提供帮助的形式。

● 完全帮助：在任何模式视图下，输入"？"可获取该视图下的所有命令和简单描述。
● 部分帮助：在输入任何命令的过程中，接着输入"？"。如果该位置为关键字，则列出全部关键字及其描述；如果该位置为参数，则列出有关的参数描述。

4．实验内容

使用 Console 接口连接线或双绞线与路由器连接，然后登录到路由器上，熟悉路由器几种工作模式的视图切换，查看路由器的系统信息、名称和接口属性等。

5．实验拓扑

本次实验使用的网络拓扑如图 4-2-3 所示。在该网络中，终端 PC 跟路由器 RA 的 Console 接口或者 FastEthernet 0/1 接口连接。假设 PC 的 IP 地址和子网掩码为 172.19.10.2 和 255.255.255.0，路由器 RA 的管理 IP 地址和子网掩码为 172.19.10.1 和 255.255.255.0。

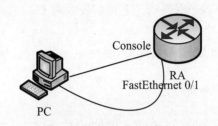

图 4-2-3　网络拓扑图

实验时，先使用线缆将 PC 与路由器 RA 的 Console 接口连接，对路由器 RA 进行必要的初始化配置后再使用线缆将 PC 跟路由器 RA 的 FastEthernet 0/1 接口连接，查看路由器 RA 的系统和配置信息。

6．实验设备

路由器 1 台，PC 1 台，Console 接口连接线 1 对，双绞线 1 对；或者是锐捷搭建的网络实验室环境。

7．实验过程

（1）使用线缆将 PC 与路由器 RA 的 Console 接口连接。

（2）在 PC 上使用超级终端登录路由器 RA。

在 Windows 操作系统中，可在"附件工具"→"通讯"中找到"超级终端"工具。在"超级终端"新建一个连接：命名和选用图标，选串口 COM1 或 COM2（学生机连 TCP/IP），配置还原为默认值。退出后，按回车键即进入与路由器的连接状态：

R1>

注意：也可使用专用工具登录路由器 RA。另外，如果是在锐捷网络实验室的环境中，则路由器早已经被初始化，可以使用 Telnet 命令登录指定的路由器。例如，某台路由器的地址为 172.19.10.198，端口为 3001，则输入"telnet 172.19.10.198 3001"可登录该台路由器。

（3）更改路由器 RA 的名称。

```
R1#configure terminal
Enter configuration commands, one per line.    End with CNTL/Z.
R1(config)#hostname RA
RA(config)#
```

（4）配置路由器 RA 的管理 IP 地址。

    RA(config)#interface vlan 1

    RA(config-if-VLAN 1)#ip address 172.19.10.1   255.255.255.0

    RA(config-if-VLAN 1)#no shutdown

（5）配置路由器 RA 的远程登录密码。

    RA(config)#enable secret level 1 0 star

（6）配置路由器 RA 的特权模式密码。

    RA(config)#enable secret level 14 0 star

（7）保存配置。

    RA#copy running-config   startup-config

（8）配置 PC 的 IP 地址和子网掩码，并使用线缆将 PC 与路由器 RA 的 FastEthernet 0/1 接口连接。

（9）在 PC 上通过 Telnet 登录路由器 RA。

    C:\telnet 172.19.10.1

（10）查看路由器 RA 的系统信息。

```
RA#show version
System description        : Ruijie Router (RSR20-14E) by Ruijie Networks
System start time         : 2017-09-08 8:19:49
System uptime             : 0:0:35:2
System hardware version   : 1.01
System software version   : RGOS 10.3(5b8)p2, Release(142981)
System BOOT version       : 10.3.142981
System serial number      : G1FC083014103
System fpga version       : 2.2.1.0
System cpld1 version      : 1.0.0.5
System cpld2 version      : 1.0.0.5
```

（11）查看路由器 RA 的配置信息。

```
RA#show running-config
Building configuration...
Current configuration : 1502 bytes
!
version RGOS 10.3(5b8)p2, Release(142981)(Wed Aug 29 08:59:36 CST 2012 -ngcf62)
hostname RA
!
vlan 1
!
!
no service password-encryption
!
control-plane
!
control-plane protocol
  no acpp
!
control-plane manage
```

```
  no port-filter
  no arp-car
  no acpp
!
control-plane data
  no glean-car
  no acpp
!
interface Serial 2/0
  encapsulation HDLC
!
interface FastEthernet 1/0
!
interface FastEthernet 1/1
!
interface FastEthernet 1/2
!
interface FastEthernet 1/3
!
interface FastEthernet 1/4
!
interface FastEthernet 1/5
!
interface FastEthernet 1/6
!
interface FastEthernet 1/7
!
interface FastEthernet 1/8
!
interface FastEthernet 1/9
!
interface FastEthernet 1/10
!
interface FastEthernet 1/11
!
interface FastEthernet 1/12
!
interface FastEthernet 1/13
!
interface FastEthernet 1/14
!
interface FastEthernet 1/15
!
interface FastEthernet 1/16
!
interface FastEthernet 1/17
```

```
!
interface FastEthernet 1/18
!
interface FastEthernet 1/19
!
interface FastEthernet 1/20
!
interface FastEthernet 1/21
!
interface FastEthernet 1/22
!
interface FastEthernet 1/23
!
interface GigabitEthernet 0/0
  duplex auto
  speed auto
!
interface GigabitEthernet 0/1
  duplex auto
  speed auto
!
interface VLAN 1
  ip address 172.19.10.1    255.255.255.0
!
ref parameter 50 140
line con 0
line aux 0
line vty 0 4
  login
!
end
```

（12）配置路由器 RA 的 FastEthernet 0/2 接口。

```
RA(config)#interface fastEthernet 1/0
RA(config-if-FastEthernet 1/0)#speed 10
RA(config-if-FastEthernet 1/0)#duplex half
```

从上面每个步骤路由器的反馈结果可知，对路由器的初始化操作成功。之后能通过 Telnet 连接到路由器并成功进行其他操作。

实验 3   单交换机上的 VLAN

1. 实验名称

单交换机上的 VLAN。

2．实验目的

掌握 VLAN 的概念、VLAN 的相关命令和单交换机上的 Port VLAN 配置。

3．实验原理

（1）VLAN 的概念。

虚拟局域网（Virtual Local Area Network，VLAN）是将一组物理上彼此分开的用户或服务器逻辑地分成工作群组。这样的逻辑划分与物理位置无关。在同一 VLAN 里的用户能进行相互通信，而在不同 VLAN 里的用户不能进行相互通信（若有三层设备的支持，不同 VLAN 间经特殊配置是可以通信的）。

由于 VLAN 的划分是逻辑的而不是物理的，所以在现有的计算机网络中，可以在一台交换机上建立 VLAN（称为单交换机上的 VLAN），也可以在多台互联的交换机上建立 VLAN（称为跨交换机的 VLAN）。本实验要组建的是单交换机上的 VLAN。

（2）VLAN 的相关命令。

本实验中用到 VLAN 的命令主要包括创建、删除、接口划分和查看等，例如：

```
RA(config)#vlan 10                        !在交换机上创建 vlan 10
RA(config)#no vlan 10                     !在交换机上删除 vlan 10
RA(config)#interface fastEthernet 0/1
RA(config-if)#switchport access vlan 10   !将 RA 的 fastEthernet 0/1 划分到 vlan 10 中
RA#show vlan                              !查看 RA 中的 VLAN 信息
```

（3）VLAN 的接口模式。

在 VLAN 中，交换机的接口有三种模式：Access 接口、Trunk 接口和 Hybrid 接口。这三种接口的区别在于对数据包的处理方式不同。通常情况下，交换机的 Access 接口用来连接终端，而 Trunk 接口和 Hybrid 接口主要用来连接其他交换机。

4．实验内容

在同一个交换机上创建 VLAN，测试同一个 VLAN 和不同 VLAN 的通信状况。实验中使用三台 PC，其中的两台属于同一个 VLAN，另一台属于不同 VLAN。

5．实验拓扑

本次实验使用的网络拓扑图如图 4-3-1 所示。在该网络中，终端 PC1 与交换机 SA 的 FastEthernet 0/1 接口连接，终端 PC2 与交换机 SA 的 FastEthernet 0/2 接口连接，终端 PC3 与交换机 SA 的 FastEthernet 0/3 接口连接。假设 PC1 的 IP 地址和子网掩码为 192.168.1.1 和 255.255.255.0，PC2 的 IP 地址和子网掩码为 192.168.1.2 和 255.255.255.0，PC3 的 IP 地址和子网掩码为 192.168.1.3 和 255.255.255.0。

实验时，在交换机 SA 中创建 VLAN10 和 VLAN20，将交换机 SA 的 FastEthernet 0/1 接口和 FastEthernet 0/2 接口划分到 VLAN10 中，将 FastEthernet 0/3 接口划分到 VLAN20 中。

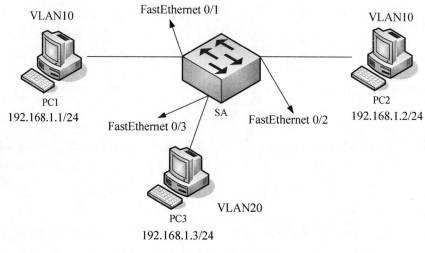

图 4-3-1 网络拓扑图

6．实验设备

交换机 1 台，PC 3 台，双绞线 3 对；或者是锐捷搭建的网络实验室环境。

7．实验过程

（1）根据实验的拓扑图，用线缆连接网络设备，组建实验使用的网络。

（2）登录交换机 SA。

（3）更改交换机 SA 的名称。

```
R1_S2628_2>enable
R1_S2628_2#configure terminal
Enter configuration commands, one per line.    End with CNTL/Z.
R1_S2628_2(config)#hostname SA
SA(config)#
```

（4）在交换机 SA 中创建 VLAN10 和 VLAN20。

```
SA(config)#vlan 10
SA(config-vlan)#exit
SA(config)#vlan 20
SA(config-vlan)#exit
```

（5）将交换机 SA 的 FastEthernet 0/1 和 FastEthernet 0/2 接口划分到 VLAN10 中。

```
SA(config)#interface range fastEthernet 0/1-2
SA(config-if-range)#switchport access vlan 10
```

（6）将交换机 SA 的 FastEthernet 0/3 接口划分到 VLAN20 中。

```
SA(config)#interface fastEthernet 0/3
SA(config-if-FastEthernet 0/3)#switchport access vlan 20
```

（7）配置 3 台 PC 的 IP 地址和子网掩码。

8．实验结果

（1）查看 VLAN 的创建划分情况。

SA#show vlan

VLAN Name	Status	Ports
1 VLAN0001	STATIC	Fa0/4, Fa0/5, Fa0/6, Fa0/7
		Fa0/8, Fa0/9, Fa0/10, Fa0/11
		Fa0/12, Fa0/13, Fa0/14, Fa0/15
		Fa0/16, Fa0/17, Fa0/18, Fa0/19
		Fa0/20, Fa0/21, Fa0/22, Fa0/23
		Fa0/24, Gi0/25, Gi0/26, Gi0/27
		Gi0/28
10 VLAN0010	STATIC	Fa0/1, Fa0/2
20 VLAN0020	STATIC	Fa0/3

（2）测试 PC1 到 PC2 的连通性。

C:\Users\Administrator>ping 192.168.1.2

正在 Ping 192.168.1.2 具有 32 字节的数据：

来自 192.168.1.2 的回复：字节=32 时间=2ms TTL=64

来自 192.168.1.2 的回复：字节=32 时间=1ms TTL=64

来自 192.168.1.2 的回复：字节=32 时间=1ms TTL=64

来自 192.168.1.2 的回复：字节=32 时间=1ms TTL=64

192.168.1.2 的 Ping 统计信息：

　　数据包：已发送 = 4，已接收 = 4，丢失 = 0 (0% 丢失)，

　　往返行程的估计时间(以毫秒为单位)：

　　　　最短 = 1ms，最长 = 2ms，平均 = 1ms

（3）测试 PC1 到 PC3 的连通性。

C:\Users\Administrator>ping 192.168.1.3

正在 Ping 192.168.1.3 具有 32 字节的数据：

来自 192.168.1.1 的回复：无法访问目标主机。

来自 192.168.1.1 的回复：无法访问目标主机。

来自 192.168.1.1 的回复：无法访问目标主机。

来自 192.168.1.1 的回复：无法访问目标主机。

192.168.1.3 的 Ping 统计信息：

　　数据包：已发送 = 4，已接收 = 4，丢失 = 0 (0% 丢失)

经过上述测试可知，交换机的 VLAN 划分正确，所有通信都能正常进行，说明本实验配置成功。

9. 参考配置（交换机 SA 的配置）

SA#show running-config

Building configuration...

Current configuration : 1438 bytes

!

version RGOS 10.4(3b2)p1 Release(136500)(Tue May 29 14:08:02 CST 2012 -ngcf62)

hostname SA

!

nfpp

!

vlan 1
!
vlan 10
!
vlan 20
!
no service password-encryption
ip http authentication local
!
enable service web-server http
enable service web-server https
!
interface FastEthernet 0/1
  switchport access vlan 10
!
interface FastEthernet 0/2
  switchport access vlan 10
!
interface FastEthernet 0/3
  switchport access vlan 20
!
interface FastEthernet 0/4
!
interface FastEthernet 0/5
!
interface FastEthernet 0/6
!
interface FastEthernet 0/7
!
interface FastEthernet 0/8
!
interface FastEthernet 0/9
!
interface FastEthernet 0/10
!
interface FastEthernet 0/11
!
interface FastEthernet 0/12
!
interface FastEthernet 0/13
!
interface FastEthernet 0/14
!
interface FastEthernet 0/15
!
interface FastEthernet 0/16

```
!
interface FastEthernet 0/17
!
interface FastEthernet 0/18
!
interface FastEthernet 0/19
!
interface FastEthernet 0/20
!
interface FastEthernet 0/21
!
interface FastEthernet 0/22
!
interface FastEthernet 0/23
!
interface FastEthernet 0/24
!
interface GigabitEthernet 0/25
!
interface GigabitEthernet 0/26
!
interface GigabitEthernet 0/27
!
interface GigabitEthernet 0/28
!
interface VLAN 1
  no ip proxy-arp
  ip address 192.168.1.200    255.255.255.0
!
line con 0
line vty 0 4
  login
!
end
```

　　注意：在本实验中，为了测试 VLAN 10 与 VLAN 20 中的终端是否能够通信，我们将网络中的三台 PC 都设置了同一网段的 IP 地址，避免了在二层因 IP 地址不在一个网段而不能通信的情况。但在实际的应用中，不同的 VLAN 一般都会设置不同网段的 IP 地址，划分为不同的子网。

实验 4　跨交换机的 VLAN

1. 实验名称

跨交换机的 VLAN。

2．实验目的

掌握交换机接口的 Trunk 模式、跨交换机的 Port VLAN 配置。

3．实验原理

本实验中用到 VLAN 的命令主要是修改和查看接口模式，例如：

　　SA(config)#interface fastEthernet 0/1
　　SA(config-if)#switchport mode trunk　　　　　　!将 SA 的 fastEthernet 0/1 设置为 Trunk 模式
　　SA#show interfaces fastEthernet 0/1 switchport　　!查看 fastEthernet 0/1 接口的模式

4．实验内容

在两台交换机上创建 VLAN，测试同一个 VLAN 和不同 VLAN 的通信状况。实验中使用三台 PC，其中的两台属于同一个 VLAN，另一台属于不同 VLAN。

5．实验拓扑

本次实验使用的网络拓扑图如图 4-4-1 所示。在该网络中，交换机 SA 的 FastEthernet 0/2 接口与交换机 SB 的 FastEthernet 0/2 接口连接，终端 PC1 与交换机 SA 的 FastEthernet 0/1 接口连接，终端 PC3 与交换机 SA 的 FastEthernet 0/3 接口连接，终端 PC2 与交换机 SB 的 FastEthernet 0/1 接口连接。

假设 PC1 的 IP 地址和子网掩码为 192.168.1.1 和 255.255.255.0，PC2 的 IP 地址和子网掩码为 192.168.1.2 和 255.255.255.0，PC3 的 IP 地址和子网掩码为 192.168.1.3 和 255.255.255.0。

实验时，在交换机 SA 中创建 VLAN10 和 VLAN20，将交换机 SA 的 FastEthernet 0/1 接口划分到 VLAN10 中，将 FastEthernet 0/3 接口划分到 VLAN20 中；在交换机 SB 中创建 VLAN10，将交换机 SB 的 FastEthernet 0/1 接口划分到 VLAN10 中；同时，将交换机 SA 和 SB 的 FastEthernet 0/2 接口设置为 Trunk 模式。

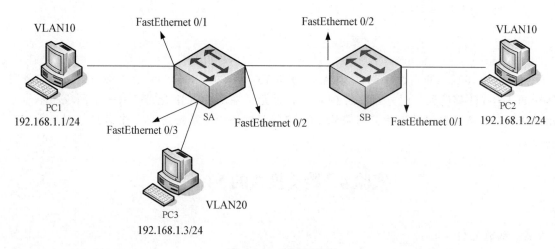

图 4-4-1　网络拓扑图

6．实验设备

交换机 2 台，PC 3 台，双绞线 4 对；或者是锐捷搭建的网络实验室环境。

7．实验过程

（1）根据实验的拓扑图，用线缆连接网络设备，组建实验使用的网络。

（2）登录交换机 SA。

（3）更改交换机 SA 的名称。

```
R1_S2628_2>enable
R1_S2628_2#configure terminal
Enter configuration commands, one per line.   End with CNTL/Z.
R1_S2628_2(config)#hostname SA
SA(config)#
```

（4）在交换机 SA 中创建 VLAN10 和 VLAN20。

```
SA(config)#vlan 10
SA(config-vlan)#exit
SA(config)#vlan 20
SA(config-vlan)#exit
```

（5）将交换机 SA 的 FastEthernet 0/1 接口划分到 VLAN10 中。

```
SA(config)#interface fastEthernet 0/1
SA(config-if-FastEthernet 0/1)#switchport access vlan 10
```

（6）将交换机 SA 的 FastEthernet 0/3 接口划分到 VLAN20 中。

```
SA(config)#interface fastEthernet 0/3
SA(config-if-FastEthernet 0/3)#switchport access vlan 20
```

（7）将交换机 SA 的 FastEthernet 0/2 接口设置为 Trunk 模式。

```
SA(config)#interface fastEthernet 0/2
SA(config-if-FastEthernet 0/2)#switchport mode trunk
```

（8）登录交换机 SB。

（9）更改交换机 SB 的名称。

```
R1_S2628_1>enable
R1_S2628_1#configure terminal
Enter configuration commands, one per line.   End with CNTL/Z.
R1_S2628_1(config)#hostname SB
SB(config)#
```

（10）在交换机 SB 中创建 VLAN10。

```
SB(config)#vlan 10
```

（11）将交换机 SB 的 FastEthernet 0/1 接口划分到 VLAN10 中。

```
SB(config)#interface fastEthernet 0/1
SB(config-if-FastEthernet 0/1)#switchport access vlan 10
```

（12）将交换机 SB 的 FastEthernet 0/2 接口设置为 Trunk 模式。

```
SB(config)#interface fastEthernet 0/2
SB(config-if-FastEthernet 0/2)#switchport mode trunk
```

（13）配置 3 台 PC 的 IP 地址和子网掩码。

8. 实验结果

（1）查看交换机 SA 的 VLAN 的创建划分情况。

```
SA#show vlan
VLAN Name                    Status      Ports
---- ---------------------- --------- ------------------------------------
   1 VLAN0001                STATIC      Fa0/2, Fa0/4, Fa0/5, Fa0/6
                                         Fa0/7, Fa0/8, Fa0/9, Fa0/10
                                         Fa0/11, Fa0/12, Fa0/13, Fa0/14
                                         Fa0/15, Fa0/16, Fa0/17, Fa0/18
                                         Fa0/19, Fa0/20, Fa0/21, Fa0/22
                                         Fa0/23, Fa0/24, Gi0/25, Gi0/26
                                         Gi0/27, Gi0/28

  10 VLAN0010                STATIC      Fa0/1, Fa0/2
  20 VLAN0020                STATIC      Fa0/2, Fa0/3
```

（2）查看交换机 SB 的 VLAN 的创建划分情况。

```
SB#show vlan
VLAN Name                    Status      Ports
---- ---------------------- --------- ------------------------------
   1 VLAN0001                STATIC      Fa0/2, Fa0/3, Fa0/4, Fa0/5
                                         Fa0/6, Fa0/7, Fa0/8, Fa0/9
                                         Fa0/10, Fa0/11, Fa0/12, Fa0/13
                                         Fa0/14, Fa0/15, Fa0/16, Fa0/17
                                         Fa0/18, Fa0/19, Fa0/20, Fa0/21
                                         Fa0/22, Fa0/23, Fa0/24, Gi0/25
                                         Gi0/26, Gi0/27, Gi0/28
  10 VLAN0010                STATIC      Fa0/1, Fa0/2
```

（3）查看交换机 SA 的 FastEthernet 0/2 接口模式。

```
SA#show interfaces trunk
Interface               Mode    Native VLAN   VLAN lists
----------------------- ------ ----------- ----------------------------------------
FastEthernet 0/1        Off     1             ALL
FastEthernet 0/2        On      1             ALL
FastEthernet 0/3        Off     1             ALL
FastEthernet 0/4        Off     1             ALL
FastEthernet 0/5        Off     1             ALL
FastEthernet 0/6        Off     1             ALL
FastEthernet 0/7        Off     1             ALL
FastEthernet 0/8        Off     1             ALL
FastEthernet 0/9        Off     1             ALL
FastEthernet 0/10       Off     1             ALL
FastEthernet 0/11       Off     1             ALL
FastEthernet 0/12       Off     1             ALL
FastEthernet 0/13       Off     1             ALL
```

FastEthernet 0/14	Off	1	ALL
FastEthernet 0/15	Off	1	ALL
FastEthernet 0/16	Off	1	ALL
FastEthernet 0/17	Off	1	ALL
FastEthernet 0/18	Off	1	ALL
FastEthernet 0/19	Off	1	ALL
FastEthernet 0/20	Off	1	ALL
FastEthernet 0/21	Off	1	ALL
FastEthernet 0/22	Off	1	ALL
FastEthernet 0/23	Off	1	ALL
FastEthernet 0/24	Off	1	ALL
GigabitEthernet 0/25	Off	1	ALL
GigabitEthernet 0/26	Off	1	ALL
GigabitEthernet 0/27	Off	1	ALL
GigabitEthernet 0/28	Off	1	ALL

（4）查看交换机 SB 的 FastEthernet 0/2 接口模式。

```
SB#show interfaces trunk
Interface              Mode   Native VLAN  VLAN lists
---------------------- ------ ----------- ----------
FastEthernet 0/1       Off    1            ALL
FastEthernet 0/2       On     1            ALL
FastEthernet 0/3       Off    1            ALL
FastEthernet 0/4       Off    1            ALL
FastEthernet 0/5       Off    1            ALL
FastEthernet 0/6       Off    1            ALL
FastEthernet 0/7       Off    1            ALL
FastEthernet 0/8       Off    1            ALL
FastEthernet 0/9       Off    1            ALL
FastEthernet 0/10      Off    1            ALL
FastEthernet 0/11      Off    1            ALL
FastEthernet 0/12      Off    1            ALL
FastEthernet 0/13      Off    1            ALL
FastEthernet 0/14      Off    1            ALL
FastEthernet 0/15      Off    1            ALL
FastEthernet 0/16      Off    1            ALL
FastEthernet 0/17      Off    1            ALL
FastEthernet 0/18      Off    1            ALL
FastEthernet 0/19      Off    1            ALL
FastEthernet 0/20      Off    1            ALL
FastEthernet 0/21      Off    1            ALL
FastEthernet 0/22      Off    1            ALL
FastEthernet 0/23      Off    1            ALL
FastEthernet 0/24      Off    1            ALL
GigabitEthernet 0/25   Off    1            ALL
GigabitEthernet 0/26   Off    1            ALL
GigabitEthernet 0/27   Off    1            ALL
```

GigabitEthernet 0/28　　　Off　　　1　　　　　ALL

（5）测试 PC1 到 PC2 的连通性。

C:\Users\Administrator>ping 192.168.1.2

正在 Ping 192.168.1.2 具有 32 字节的数据:

来自 192.168.1.2 的回复: 字节=32 时间=2ms TTL=64

来自 192.168.1.2 的回复: 字节=32 时间=1ms TTL=64

来自 192.168.1.2 的回复: 字节=32 时间=1ms TTL=64

来自 192.168.1.2 的回复: 字节=32 时间=1ms TTL=64

192.168.1.2 的 Ping 统计信息:

　　数据包: 已发送 = 4，已接收 = 4，丢失 = 0 (0% 丢失),

往返行程的估计时间(以毫秒为单位):

　　最短 = 1ms，最长 = 2ms，平均 = 1ms

（6）测试 PC1 到 PC3 的连通性。

C:\Users\Administrator>ping 192.168.1.3

正在 Ping 192.168.1.3 具有 32 字节的数据:

来自 192.168.1.1 的回复: 无法访问目标主机。

来自 192.168.1.1 的回复: 无法访问目标主机。

来自 192.168.1.1 的回复: 无法访问目标主机。

来自 192.168.1.1 的回复: 无法访问目标主机。

192.168.1.3 的 Ping 统计信息:

　　数据包: 已发送 = 4，已接收 = 4，丢失 = 0 (0% 丢失)

（7）测试 PC3 到 PC2 的连通性。

C:\Users\Administrator>ping 192.168.1.2

正在 Ping 192.168.1.2 具有 32 字节的数据:

来自 192.168.1.3 的回复: 无法访问目标主机。

来自 192.168.1.3 的回复: 无法访问目标主机。

来自 192.168.1.3 的回复: 无法访问目标主机。

来自 192.168.1.3 的回复: 无法访问目标主机。

192.168.1.2 的 Ping 统计信息:

　　数据包: 已发送 = 4，已接收 = 4，丢失 = 0 (0% 丢失)

经过上述测试可知，交换机的 VLAN 划分正确，跨交换机的相同 VLAN 的通信能正常进行，说明本实验配置成功。

9. 参考配置

（1）交换机 SA 的配置。

```
SA#show running-config
Building configuration...
Current configuration : 1434 bytes
!
version RGOS 10.4(3b2)p1 Release(136500)(Tue May 29 14:08:02 CST 2012 -ngcf62)
hostname SA
!
!
nfpp
!
```

```
!
vlan 1
!
vlan 10
!
vlan 20
!
!
no service password-encryption
ip http authentication local
!
enable service web-server http
enable service web-server https
!
interface FastEthernet 0/1
  switchport access vlan 10
!
interface FastEthernet 0/2
  switchport mode trunk
!
interface FastEthernet 0/3
  switchport access vlan 20
!
interface FastEthernet 0/4
!
interface FastEthernet 0/5
!
interface FastEthernet 0/6
!
interface FastEthernet 0/7
!
interface FastEthernet 0/8
!
interface FastEthernet 0/9
!
interface FastEthernet 0/10
!
interface FastEthernet 0/11
!
interface FastEthernet 0/12
!
interface FastEthernet 0/13
!
interface FastEthernet 0/14
!
interface FastEthernet 0/15
```

```
!
interface FastEthernet 0/16
!
interface FastEthernet 0/17
!
interface FastEthernet 0/18
!
interface FastEthernet 0/19
!
interface FastEthernet 0/20
!
interface FastEthernet 0/21
!
interface FastEthernet 0/22
!
interface FastEthernet 0/23
!
interface FastEthernet 0/24
!
interface GigabitEthernet 0/25
!
interface GigabitEthernet 0/26
!
interface GigabitEthernet 0/27
!
interface GigabitEthernet 0/28
!
interface VLAN 1
  no ip proxy-arp
  ip address 192.168.1.200    255.255.255.0
!
line con 0
line vty 0 4
  login
!
end
```

（2）交换机 SB 的配置。

```
SB#show running-config
Building configuration...
Current configuration : 1417 bytes
!
version RGOS 10.4(3b2)p1 Release(136500)(Tue May 29 14:08:02 CST 2012 -ngcf62)
hostname SB
!
nfpp
!
```

```
vlan 1
!
vlan 10
!
no service password-encryption
ip http authentication local
!
enable service web-server http
enable service web-server https
!
interface FastEthernet 0/1
  switchport access vlan 10
!
interface FastEthernet 0/2
  switchport mode trunk
  duplex half
  speed 10
!
interface FastEthernet 0/3
!
interface FastEthernet 0/4
!
interface FastEthernet 0/5
!
interface FastEthernet 0/6
!
interface FastEthernet 0/7
!
interface FastEthernet 0/8
!
interface FastEthernet 0/9
!
interface FastEthernet 0/10
!
interface FastEthernet 0/11
!
interface FastEthernet 0/12
!
interface FastEthernet 0/13
!
interface FastEthernet 0/14
!
interface FastEthernet 0/15
!
interface FastEthernet 0/16
!
```

```
interface FastEthernet 0/17
!
interface FastEthernet 0/18
!
interface FastEthernet 0/19
!
interface FastEthernet 0/20
!
interface FastEthernet 0/21
!
interface FastEthernet 0/22
!
interface FastEthernet 0/23
!
interface FastEthernet 0/24
!
interface GigabitEthernet 0/25
!
interface GigabitEthernet 0/26
!
interface GigabitEthernet 0/27
!
interface GigabitEthernet 0/28
!
interface VLAN 1
  no ip proxy-arp
  ip address 172.19.10.1    255.255.255.0
!
line con 0
line vty 0 4
  login
!
end
```

注意：在本实验中，为了测试 VLAN 10 与 VLAN 20 中的终端是否能够通信，我们将网络中的三台 PC 都设置了同一网段的 IP 地址，避免了在二层因 IP 地址不在一个网段而不能通信的情况。但在实际的应用中，不同的 VLAN 一般都会设置不同网段的 IP 地址，划分为不同的子网。

实验 5　静态路由的应用

1. 实验名称

静态路由的应用。

2．实验目的

理解静态路由的工作原理，掌握静态路由的配置及应用。

3．实验原理

静态路由是路由器中生成路由记录的技术之一。即由网络管理员根据网络拓扑结构和网络通信需求，手工修改路由表中相关的路由记录。采用静态路由技术生成路由记录具有如下特点：

（1）静态路由记录在默认情况下是私有的，不会传递给网络中的其他路由器。

（2）静态路由不会产生更新流量，不占用网络带宽。

（3）当网络拓扑结构发生变化时，静态路由记录不会随之改变。

（4）一般适用于小而简单的网络环境，若出于安全方面的考虑，也可使用静态路由来控制网络数据的流向。

在路由器中，配置静态路由的方法有如下两种：

（1）ip route　目标网络　子网掩码　下一跳

例如：RA(config)# ip route　192.168.1.0　255.255.255.0　192.168.3.1

该命令执行后，路由器 RA 会生成一条到达网络 192.168.1.0/24 的路由记录。若要将数据包发送到网络 192.168.1.0/24，则路由器 RA 要先将数据包发往下一跳 192.168.3.1。

（2）ip route　目标网络　子网掩码　出口

例如：RA(config)# ip route　192.168.1.0　255.255.255.0　serial 0/0

该命令执行后，路由器 RA 会生成一条到达网络 192.168.1.0/24 的路由记录。若要将数据包发送到网络 192.168.1.0/24，则路由器 RA 要先将数据包从接口 serial 0/0 发送出去。

若要删除路由器中指定的静态路由记录，可在原有命令的最前端添加 no。

例如：RA(config)# **no** ip route　192.168.1.0　255.255.255.0　192.168.3.1

该命令执行后，可将路由器 RA 中到达网络 192.168.1.0/24 的路由记录删除。

4．实验内容

有一企业包含了两个园区，每个园区都有各自的网络，现使用 2 台路由器连接这两个园区的网络，实现网络的正常通信。要求学生根据给定的网络拓扑结构组建网络，并使用静态路由技术使路由器生成路由记录来满足整个网络的通信需求。

5．实验拓扑

本次实验使用的网络拓扑图如图 4-5-1 所示。在该网络中，路由器 RA 和路由器 RB 相连，配置了三个网段，分别是 192.168.1.0/24、192.168.2.0/24 和 192.168.3.0/24。PC1 在网段 192.168.1.0/24 中，PC2 在网段 192.168.3.0/24 中。

6．实验设备

路由器 2 台，PC 2 台，双绞线 3 对。

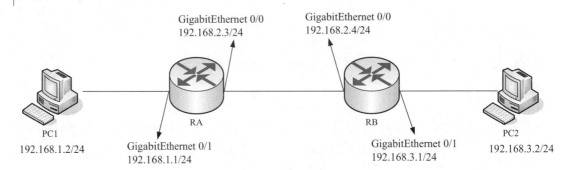

GigabitEthernet 0/0
192.168.2.3/24

GigabitEthernet 0/0
192.168.2.4/24

RA

RB

PC1
192.168.1.2/24

GigabitEthernet 0/1
192.168.1.1/24

GigabitEthernet 0/1
192.168.3.1/24

PC2
192.168.3.2/24

图 4-5-1　企业网络连接拓扑图

7．实验过程

（1）根据实验的拓扑图，用线缆连接网络设备，组建实验使用的网络。

（2）配置路由器 RA 的名称、接口 IP 地址和静态路由。

```
R1>enable
R1#configure terminal
Enter configuration commands, one per line.　End with CNTL/Z.
!配置路由器的名称
R1(config)#hostname RA
!配置路由器的接口 IP 地址
RA(config)#interface gigabitEthernet 0/0
RA(config-if-GigabitEthernet 0/0)#ip address 192.168.2.3　255.255.255.0
RA(config-if-GigabitEthernet 0/0)#exit
RA(config)#interface gigabitEthernet 0/1
RA(config-if-GigabitEthernet 0/1)#ip address 192.168.1.1　255.255.255.0
RA(config-if-GigabitEthernet 0/1)#exit
!配置路由器的静态路由
RA(config)#ip route 192.168.3.0　255.255.255.0　192.168.2.4
```

（3）配置路由器 RB 的名称、接口 IP 地址和静态路由。

```
R2>enable
R2#configure terminal
Enter configuration commands, one per line.　End with CNTL/Z.
!配置路由器的名称
R2(config)#hostname RB
!配置路由器的接口 IP 地址
RB(config)#interface gigabitEthernet 0/0
RB(config-if-GigabitEthernet 0/0)#ip address 192.168.2.4　255.255.255.0
RB(config-if-GigabitEthernet 0/0)#exit
RB(config)#interface gigabitEthernet 0/1
RB(config-if-GigabitEthernet 0/1)#ip address 192.168.3.1　255.255.255.0
RB(config-if-GigabitEthernet 0/1)#exit
!配置路由器的静态路由
RB(config)#ip route 192.168.1.0　255.255.255.0　192.168.2.3
```

（4）配置 PC1 的 IP 地址、子网掩码和默认网关。

如图 4-5-2 所示，将 PC1 的 IP 地址配置为 192.168.1.2，子网掩码为 255.255.255.0，默认网关为 192.168.1.1。

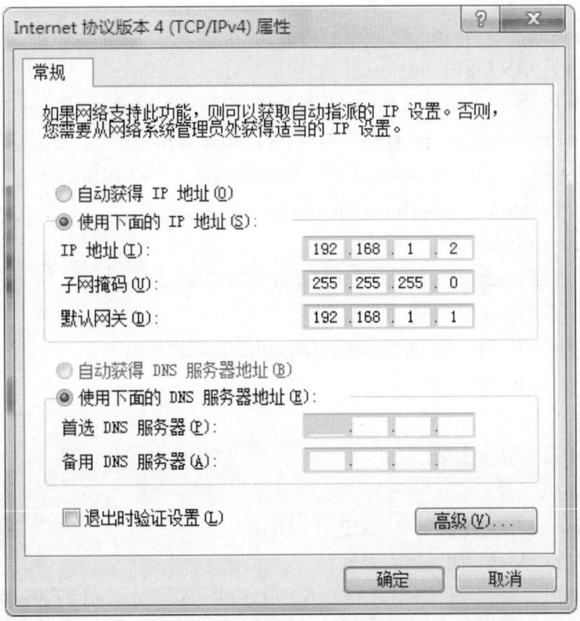

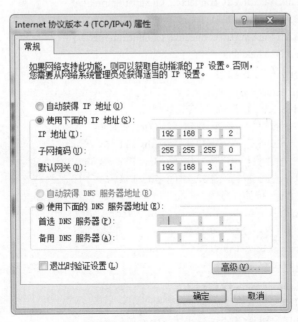

图 4-5-2　PC1 的 IP 地址、子网掩码和默认网关

（5）配置 PC2 的 IP 地址、子网掩码和默认网关。

如图 4-5-3 所示，将 PC1 的 IP 地址配置为 192.168.3.2，子网掩码为 255.255.255.0，默认网关为 192.168.3.1。

图 4-5-3　PC2 的 IP 地址、子网掩码和默认网关

8．实验结果

（1）查看路由器 RA 的路由表。

```
RA#show ip route
Codes:   C - connected, S - static, R - RIP, B - BGP
         O - OSPF, IA - OSPF inter area
         N1 - OSPF NSSA external type 1, N2 - OSPF NSSA external type 2
         E1 - OSPF external type 1, E2 - OSPF external type 2
         i - IS-IS, su - IS-IS summary, L1 - IS-IS level-1, L2 - IS-IS level-2
         ia - IS-IS inter area, * - candidate default
Gateway of last resort is no set
C       192.168.1.0/24 is directly connected, GigabitEthernet 0/1
C       192.168.1.1/32 is local host.
C       192.168.2.0/24 is directly connected, GigabitEthernet 0/0
C       192.168.2.3/32 is local host.
S       192.168.3.0/24 [1/0] via 192.168.2.4
```

（2）查看路由器 RB 的路由表。

```
RB#show ip route
Codes:   C - connected, S - static, R - RIP, B - BGP
         O - OSPF, IA - OSPF inter area
         N1 - OSPF NSSA external type 1, N2 - OSPF NSSA external type 2
         E1 - OSPF external type 1, E2 - OSPF external type 2
         i - IS-IS, su - IS-IS summary, L1 - IS-IS level-1, L2 - IS-IS level-2
         ia - IS-IS inter area, * - candidate default
Gateway of last resort is no set
S       192.168.1.0/24 [1/0] via 192.168.2.3
C       192.168.2.0/24 is directly connected, GigabitEthernet 0/0
C       192.168.2.4/32 is local host.
C       192.168.3.0/24 is directly connected, GigabitEthernet 0/1
C       192.168.3.1/32 is local host.
```

（3）测试 PC1 到网关的连通性。

```
C:\Users\Administrator>ping 192.168.1.1
正在 Ping 192.168.1.1 具有 32 字节的数据:
来自 192.168.1.1 的回复: 字节=32 时间=14ms TTL=64
来自 192.168.1.1 的回复: 字节=32 时间=2ms TTL=64
来自 192.168.1.1 的回复: 字节=32 时间=3ms TTL=64
来自 192.168.1.1 的回复: 字节=32 时间=5ms TTL=64
192.168.1.1 的 Ping 统计信息:
    数据包: 已发送 = 4，已接收 = 4，丢失 = 0 (0% 丢失)，
往返行程的估计时间(以毫秒为单位):
    最短 = 2ms，最长 = 14ms，平均 = 6ms
```

（4）测试 PC2 到网关的连通性。

```
C:\Users\Administrator>ping 192.168.3.1
正在 Ping 192.168.3.1 具有 32 字节的数据:
来自 192.168.3.1 的回复: 字节=32 时间=6ms TTL=64
```

来自 192.168.3.1 的回复: 字节=32 时间=5ms TTL=64

来自 192.168.3.1 的回复: 字节=32 时间=7ms TTL=64

来自 192.168.3.1 的回复: 字节=32 时间=8ms TTL=64

192.168.3.1 的 Ping 统计信息:

　　　数据包: 已发送 = 4, 已接收 = 4, 丢失 = 0 (0% 丢失),

　　往返行程的估计时间(以毫秒为单位):

　　　　最短 = 5ms, 最长 = 8ms, 平均 = 6ms

（5）测试 PC1 到 PC2 的连通性。

　　　C:\Users\Administrator>ping 192.168.3.2

　　　正在 Ping 192.168.3.2 具有 32 字节的数据:

　　　来自 192.168.3.2 的回复: 字节=32 时间=9ms TTL=62

　　　来自 192.168.3.2 的回复: 字节=32 时间<1ms TTL=62

　　　来自 192.168.3.2 的回复: 字节=32 时间<1ms TTL=62

　　　来自 192.168.3.2 的回复: 字节=32 时间<1ms TTL=62

　　　192.168.3.2 的 Ping 统计信息:

　　　　　数据包: 已发送 = 4, 已接收 = 4, 丢失 = 0 (0% 丢失),

　　　　往返行程的估计时间(以毫秒为单位):

　　　　　　最短 = 0ms, 最长 = 9ms, 平均 = 2ms

经过上述测试可知，所有通信都能正常进行，说明静态路由起作用，保证了网络的正常通信。

9．参考配置

（1）路由器 RA 的配置。

```
RA#show running-config
Building configuration...
Current configuration : 1571 bytes
version RGOS 10.3(5b8)p2, Release(142981)(Wed Aug 29 08:59:36 CST 2012 -ngcf62)
hostname RA
vlan 1
no service password-encryption
control-plane
control-plane protocol
  no acpp
control-plane manage
  no port-filter
  no arp-car
  no acpp
control-plane data
  no glean-car
  no acpp
interface Serial 2/0
  encapsulation HDLC
interface FastEthernet 1/0
interface FastEthernet 1/1
interface FastEthernet 1/2
interface FastEthernet 1/3
```

```
interface FastEthernet 1/4
interface FastEthernet 1/5
interface FastEthernet 1/6
interface FastEthernet 1/7
interface FastEthernet 1/8
interface FastEthernet 1/9
interface FastEthernet 1/10
interface FastEthernet 1/11
interface FastEthernet 1/12
interface FastEthernet 1/13
interface FastEthernet 1/14
interface FastEthernet 1/15
interface FastEthernet 1/16
interface FastEthernet 1/17
interface FastEthernet 1/18
interface FastEthernet 1/19
interface FastEthernet 1/20
interface FastEthernet 1/21
interface FastEthernet 1/22
interface FastEthernet 1/23
interface GigabitEthernet 0/0
  ip address 192.168.2.3    255.255.255.0
  duplex auto
  speed auto
interface GigabitEthernet 0/1
  ip address 192.168.1.1    255.255.255.0
  duplex auto
  speed auto
ip route 192.168.3.0    255.255.255.0    192.168.2.4
ref parameter 50 140
line con 0
line aux 0
line vty 0 4
  login
end
```

（2）路由器 RB 的配置。

```
RB#show running-config
Building configuration...
Current configuration : 1590 bytes
version RGOS 10.3(5b8)p2, Release(142981)(Wed Aug 29 08:59:36 CST 2012 -ngcf62)
hostname RB
vlan 1
no service password-encryption
control-plane
control-plane protocol
  no acpp
```

```
control-plane manage
  no port-filter
  no arp-car
  no acpp
control-plane data
  no glean-car
  no acpp
interface Serial 2/0
  encapsulation HDLC
  clock rate 64000
interface FastEthernet 1/0
interface FastEthernet 1/1
interface FastEthernet 1/2
interface FastEthernet 1/3
interface FastEthernet 1/4
interface FastEthernet 1/5
interface FastEthernet 1/6
interface FastEthernet 1/7
interface FastEthernet 1/8
interface FastEthernet 1/9
interface FastEthernet 1/10
interface FastEthernet 1/11
interface FastEthernet 1/12
interface FastEthernet 1/13
interface FastEthernet 1/14
interface FastEthernet 1/15
interface FastEthernet 1/16
interface FastEthernet 1/17
interface FastEthernet 1/18
interface FastEthernet 1/19
interface FastEthernet 1/20
interface FastEthernet 1/21
interface FastEthernet 1/22
interface FastEthernet 1/23
interface GigabitEthernet 0/0
  ip address 192.168.2.4    255.255.255.0
  duplex auto
  speed auto
interface GigabitEthernet 0/1
  ip address 192.168.3.1    255.255.255.0
  duplex auto
  speed auto
ip route 192.168.1.0    255.255.255.0    192.168.2.3
ref parameter 50 140
line con 0
```

```
    line aux 0
    line vty 0 4
     login
    end
```

注意: 因为在路由器 RA 中添加了到达网段 192.168.3.0 的静态路由, 在路由器 RB 中添加了到达网段 192.168.1.0 的静态路由, 所以 PC1 和 PC2 能够进行通信。现假设删除 RA 中到达网段 192.168.3.0 的静态路由, 那么 PC1 的数据将无法传送到 PC2。

在路由器 RA 中执行如下命令:

```
    RA(config)#no ip route 192.168.3.0   255.255.255.0   192.168.2.4
```

查看路由器 RA 的路由表, 发现静态路由记录已经被删除。

```
    RA#show ip route
    Codes:  C - connected, S - static, R - RIP, B - BGP
            O - OSPF, IA - OSPF inter area
            N1 - OSPF NSSA external type 1, N2 - OSPF NSSA external type 2
            E1 - OSPF external type 1, E2 - OSPF external type 2
            i - IS-IS, su - IS-IS summary, L1 - IS-IS level-1, L2 - IS-IS level-2
            ia - IS-IS inter area, * - candidate default
    Gateway of last resort is no set
    C     192.168.1.0/24 is directly connected, GigabitEthernet 0/1
    C     192.168.1.1/32 is local host.
    C     192.168.2.0/24 is directly connected, GigabitEthernet 0/0
    C     192.168.2.3/32 is local host.
```

再测试 PC1 到 PC2 的连通性, 结果如下:

```
    C:\Users\Administrator>ping 192.168.3.2
    正在 Ping 192.168.3.2 具有 32 字节的数据:
    请求超时。
    请求超时。
    请求超时。
    请求超时。
    192.168.3.2 的 Ping 统计信息:
        数据包: 已发送 = 4, 已接收 = 0, 丢失 = 4 (100% 丢失),
```

测试结果说明, PC1 的数据将无法传送到 PC2。

实验 6　路由信息协议 RIP 的应用

1. 实验名称

路由信息协议 RIP 的应用。

2. 实验目的

理解路由信息协议 RIP 的工作原理, 掌握 RIP 的简单配置及应用。

3．实验原理

路由信息协议（Routing Information Protocol，RIP）是一种动态路由协议，网络中的路由器可以使用该协议自动生成路由记录。该协议有如下特点：

（1）RIP 是自治系统内部使用的协议，是内部网关协议（IGP）之一。

（2）RIP 使用的是距离矢量算法，它以跳数作为网络度量值，认为跳数小的路径为最佳路径。

（3）当跳数为 16 时认为目标网络不可达，这使得 RIP 只适合在中小型网络中使用。

（4）RIP 采用广播或组播的方式进行路由更新，将部分或全部路由表传递给与它相邻的路由器。

（5）RIP 有两个版本 RIPV1 和 RIPV2，RIPV1 是有类路由协议，RIPV2 是无类路由协议。

本实验中用到 RIP 的命令主要是配置、查看 RIP 路由的命令，例如：

```
RA(config)#router rip                     !进入 RIP 配置模式
RA(config-router)#version 2               !配置 RIP 的版本为 RIPV2
RA(config-router)#network 192.168.10.0    !发布与该路由器直连的网段 192.168.10.0
RA(config-router)#network 192.168.20.0    !发布与该路由器直连的网段 192.168.20.0
RA#show ip rip                            !查看 RIP 路由的配置信息
```

4．实验内容

有一企业包含了两个园区，每个园区都有各自的网络，现使用 2 台路由器连接这两个园区的网络，实现网络的正常通信。要求学生根据给定的网络拓扑结构组建网络，并使用 RIP 使路由器生成路由记录来满足整个网络的通信需求。

5．实验拓扑

本次实验使用的网络拓扑图如图 4-6-1 所示。在该网络中，路由器 RA 和路由器 RB 相连，配置了三个网段，分别是 192.168.1.0/24、192.168.2.0/24 和 192.168.3.0/24。PC1 在网段 192.168.1.0/24 中，PC2 在网段 192.168.3.0/24 中。

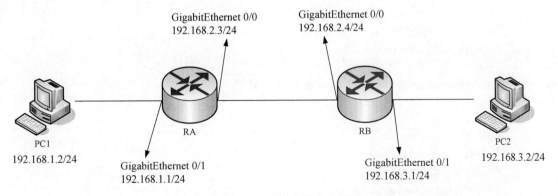

图 4-6-1　企业网络连接拓扑图

6. 实验设备

路由器 2 台，PC 2 台，双绞线 3 对。

7. 实验过程

（1）根据实验的拓扑图，用线缆连接网络设备，组建实验使用的网络。

（2）配置路由器 RA 的名称、接口 IP 地址和 RIP 路由。

> R3>enable
> R3#configure terminal
> Enter configuration commands, one per line.　End with CNTL/Z.
> R3(config)#hostname RA
> RA(config)#
> RA(config)#interface gigabitEthernet 0/0
> RA(config-if-GigabitEthernet 0/0)#ip address 192.168.2.3　255.255.255.0
> RA(config-if-GigabitEthernet 0/0)#no shutdown
> RA(config-if-GigabitEthernet 0/0)#exit
> RA(config)#interface gigabitEthernet 0/1
> RA(config-if-GigabitEthernet 0/1)#ip address 192.168.1.1　255.255.255.0
> RA(config-if-GigabitEthernet 0/1)#no shutdown
> RA(config-if-GigabitEthernet 0/1)#exit
> RA(config)#router rip
> RA(config-router)#version 2
> RA(config-router)#network 192.168.1.0
> RA(config-router)#network 192.168.2.0
> RA(config-router)#end

（3）配置路由器 RB 的名称、接口 IP 地址和 RIP 路由。

> R4>enable
> R4#configure terminal
> Enter configuration commands, one per line.　End with CNTL/Z.
> R4(config)#hostname RB
> RB(config)#interface gigabitEthernet 0/0
> RB(config-if-GigabitEthernet 0/0)#ip address 192.168.2.4　255.255.255.0
> RB(config-if-GigabitEthernet 0/0)#no shutdown
> RB(config-if-GigabitEthernet 0/0)#exit
> RB(config)#interface gigabitEthernet 0/1
> RB(config-if-GigabitEthernet 0/1)#ip address 192.168.3.1　255.255.255.0
> RB(config-if-GigabitEthernet 0/1)#no shutdown
> RB(config-if-GigabitEthernet 0/1)#exit
> RB(config)#router rip
> RB(config-router)#version 2
> RB(config-router)#network 192.168.3.0
> RB(config-router)#network 192.168.2.0
> RB(config-router)#end

（4）配置 PC1 和 PC2 的 IP 地址和网关。

8．实验结果

（1）查看路由器 RA 的路由表。

```
RA#show ip route
Codes:   C - connected, S - static, R - RIP, B - BGP
         O - OSPF, IA - OSPF inter area
         N1 - OSPF NSSA external type 1, N2 - OSPF NSSA external type 2
         E1 - OSPF external type 1, E2 - OSPF external type 2
         i - IS-IS, su - IS-IS summary, L1 - IS-IS level-1, L2 - IS-IS level-2
         ia - IS-IS inter area, * - candidate default
Gateway of last resort is no set
C    192.168.1.0/24 is directly connected, GigabitEthernet 0/1
C    192.168.1.1/32 is local host.
C    192.168.2.0/24 is directly connected, GigabitEthernet 0/0
C    192.168.2.3/32 is local host.
R    192.168.3.0/24 [120/1] via 192.168.2.4, 00:04:58, GigabitEthernet 0/0
```

（2）查看路由器 RB 的路由表。

```
RB#show ip route
Codes:   C - connected, S - static, R - RIP, B - BGP
         O - OSPF, IA - OSPF inter area
         N1 - OSPF NSSA external type 1, N2 - OSPF NSSA external type 2
         E1 - OSPF external type 1, E2 - OSPF external type 2
         i - IS-IS, su - IS-IS summary, L1 - IS-IS level-1, L2 - IS-IS level-2
         ia - IS-IS inter area, * - candidate default
Gateway of last resort is no set
R    192.168.1.0/24 [120/1] via 192.168.2.3, 00:03:37, GigabitEthernet 0/0
C    192.168.2.0/24 is directly connected, GigabitEthernet 0/0
C    192.168.2.4/32 is local host.
C    192.168.3.0/24 is directly connected, GigabitEthernet 0/1
C    192.168.3.1/32 is local host.
```

（3）测试 PC1 到网关的连通性。

```
C:\Users\Administrator>ping 192.168.1.1
正在 Ping 192.168.1.1 具有 32 字节的数据:
来自 192.168.1.1 的回复: 字节=32 时间=3ms TTL=64
来自 192.168.1.1 的回复: 字节=32 时间=7ms TTL=64
来自 192.168.1.1 的回复: 字节=32 时间=8ms TTL=64
来自 192.168.1.1 的回复: 字节=32 时间<1ms TTL=64
192.168.1.1 的 Ping 统计信息:
    数据包: 已发送 = 4，已接收 = 4，丢失 = 0 (0% 丢失),
往返行程的估计时间(以毫秒为单位):
    最短 = 0ms，最长 = 8ms，平均 = 4ms
```

（4）测试 PC2 到网关的连通性。

```
C:\Users\Administrator>ping 192.168.1.1
正在 Ping 192.168.1.1 具有 32 字节的数据:
来自 192.168.1.1 的回复: 字节=32 时间=3ms TTL=64
```

来自 192.168.1.1 的回复: 字节=32 时间=7ms TTL=64

来自 192.168.1.1 的回复: 字节=32 时间=8ms TTL=64

来自 192.168.1.1 的回复: 字节=32 时间<1ms TTL=64

192.168.1.1 的 Ping 统计信息:

    数据包: 已发送 = 4，已接收 = 4，丢失 = 0 (0% 丢失)，

往返行程的估计时间(以毫秒为单位):

    最短 = 0ms，最长 = 8ms，平均 = 4ms

（5）测试 PC1 到 PC2 的连通性。

C:\Users\Administrator>ping 192.168.3.2

正在 Ping 192.168.3.2 具有 32 字节的数据:

来自 192.168.3.2 的回复: 字节=32 时间<1ms TTL=62

来自 192.168.3.2 的回复: 字节=32 时间<1ms TTL=62

来自 192.168.3.2 的回复: 字节=32 时间<1ms TTL=62

来自 192.168.3.2 的回复: 字节=32 时间<1ms TTL=62

192.168.3.2 的 Ping 统计信息:

    数据包: 已发送 = 4，已接收 = 4，丢失 = 0 (0% 丢失)，

往返行程的估计时间(以毫秒为单位):

    最短 = 0ms，最长 = 0ms，平均 = 0ms

经过上述测试可知，网络中的 PC 可以正常通信，说明本实验配置成功。

9. 参考配置

（1）路由器 RA 的配置。

```
RA#show running-config
Building configuration...
Current configuration : 1610 bytes
!
version RGOS 10.3(5b8)p2, Release(142981)(Wed Aug 29 08:59:36 CST 2012 -ngcf62)
hostname RA
!
vlan 1
!
!
no service password-encryption
!
control-plane
!
control-plane protocol
  no acpp
!
control-plane manage
  no port-filter
  no arp-car
  no acpp
!
control-plane data
```

```
    no glean-car
    no acpp
!
interface Serial 2/0
    encapsulation HDLC
    clock rate 64000
!
interface FastEthernet 1/0
!
interface FastEthernet 1/1
!
interface FastEthernet 1/2
!
interface FastEthernet 1/3
!
interface FastEthernet 1/4
!
interface FastEthernet 1/5
!
interface FastEthernet 1/6
!
interface FastEthernet 1/7
!
interface FastEthernet 1/8
!
interface FastEthernet 1/9
!
interface FastEthernet 1/10
!
interface FastEthernet 1/11
!
interface FastEthernet 1/12
!
interface FastEthernet 1/13
!
interface FastEthernet 1/14
!
interface FastEthernet 1/15
!
interface FastEthernet 1/16
!
interface FastEthernet 1/17
!
interface FastEthernet 1/18
!
```

```
interface FastEthernet 1/19
!
interface FastEthernet 1/20
!
interface FastEthernet 1/21
!
interface FastEthernet 1/22
!
interface FastEthernet 1/23
!
interface GigabitEthernet 0/0
  ip address 192.168.2.3   255.255.255.0
  duplex auto
  speed auto
!
interface GigabitEthernet 0/1
  ip address 192.168.1.1   255.255.255.0
  duplex auto
  speed auto
!
router rip
  version 2
  network 192.168.1.0
  network 192.168.2.0
!
ref parameter 50 140
line con 0
line aux 0
line vty 0 4
  login
!
end
```

（2）路由器 RB 的配置。

```
RB#show running-config
Building configuration...
Current configuration : 1591 bytes
!
version RGOS 10.3(5b8)p2, Release(142981)(Wed Aug 29 08:59:36 CST 2012 -ngcf62)
hostname RB
!
vlan 1
!
!
no service password-encryption
!
```

```
control-plane
!
control-plane protocol
  no acpp
!
control-plane manage
  no port-filter
  no arp-car
  no acpp
!
control-plane data
  no glean-car
  no acpp
!
interface Serial 2/0
  encapsulation HDLC
!
interface FastEthernet 1/0
!
interface FastEthernet 1/1
!
interface FastEthernet 1/2
!
interface FastEthernet 1/3
!
interface FastEthernet 1/4
!
interface FastEthernet 1/5
!
interface FastEthernet 1/6
!
interface FastEthernet 1/7
!
interface FastEthernet 1/8
!
interface FastEthernet 1/9
!
interface FastEthernet 1/10
!
interface FastEthernet 1/11
!
interface FastEthernet 1/12
!
interface FastEthernet 1/13
!
```

```
interface FastEthernet 1/14
!
interface FastEthernet 1/15
!
interface FastEthernet 1/16
!
interface FastEthernet 1/17
!
interface FastEthernet 1/18
!
interface FastEthernet 1/19
!
interface FastEthernet 1/20
!
interface FastEthernet 1/21
!
interface FastEthernet 1/22
!
interface FastEthernet 1/23
!
interface GigabitEthernet 0/0
  ip address 192.168.2.4    255.255.255.0
  duplex auto
  speed auto
!
interface GigabitEthernet 0/1
  ip address 192.168.3.1    255.255.255.0
  duplex auto
  speed auto
!
router rip
  version 2
  network 192.168.2.0
  network 192.168.3.0
!
ref parameter 50 140
line con 0
line aux 0
line vty 0 4
  login
!
End
```

注意：①同一路由器上的不同端口应当配置不同网段的 IP 地址；②在 RIP 中通告的是网络号，并且要通告与路由器相连的所有网段；③在 PC 中要设定对应的网关。

实验 7　OSPF 协议的应用

1．实验名称

OSPF 协议的应用。

2．实验目的

理解 OSPF 协议的工作原理，掌握 OSPF 协议的简单配置及应用。

3．实验原理

开放最短路径优先（Open Shortest Path First，OSPF）协议是一种动态路由协议，网络中的路由器可以使用该协议自动生成路由记录。该协议有如下特点：

（1）OSPF 是自治系统内部使用的协议，是内部网关协议（IGP）之一。

（2）OSPF 协议使用的是 Dijkstra 算法，它以链路状态（如接口上的 IP 地址、子网掩码、网络类型、Cost 值等）作为网络度量值，利用链路状态来确定最佳路径。

（3）OSPF 协议是分区域工作的，能有效降低路由计算复杂度和链路状态传递的流量，适用于更大范围的网络。

（4）OSPF 协议采用组播的方式进行路由更新，将链路状态传递给某一区域内的相邻路由器。

（5）OSPF 协议支持路由更新验证，只有通过路由更新验证的路由器才能交换链路状态信息。

（6）OSPF 协议定义了五种网络类型，适用范围广。

本实验中用到 OSPF 协议的命令主要是配置和查看 OSPF 协议路由的命令，例如：

```
RA(config)#router ospf 10                          !进入 OSPF 协议配置模式
RA(config-router)#network 192.168.10.0    0.0.0.3 area 0 !发布与该路由器直连的网段 192.168.10.0
RA(config-router)#network 192.168.10.0    0.0.0.3 area 0 !发布与该路由器直连的网段 192.168.20.0
RA#show ip ospf                                    !查看 OSPF 协议路由的配置信息
RA#show ip ospf database                           !查看 OSPF 协议路由的链路状态拓扑数据库
RA#show ip ospf neighbor                           !查看 OSPF 协议路由的邻居和邻接关系
```

4．实验内容

有一企业包含了两个园区，每个园区都有各自的网络，现使用 2 台路由器连接这两个园区的网络，实现网络的正常通信。要求学生根据给定的网络拓扑结构组建网络，并使用 OSPF 协议使路由器生成路由记录来满足整个网络的通信需求。

5．实验拓扑

本次实验使用的网络拓扑图如图 4-7-1 所示。在该网络中，路由器 RA 和路由器 RB 相连，配置了三个网段，分别是 192.168.1.0/24、192.168.2.0/24 和 192.168.3.0/24。PC1 在网段 192.168.1.0/24 中，PC2 在网段 192.168.3.0/24 中。

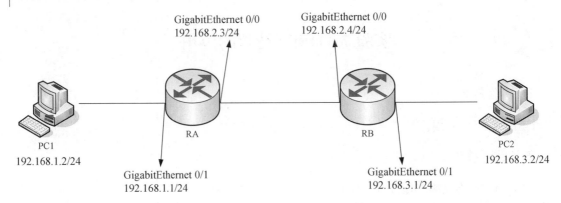

GigabitEthernet 0/0
192.168.2.3/24

GigabitEthernet 0/0
192.168.2.4/24

PC1
192.168.1.2/24

RA

RB

PC2
192.168.3.2/24

GigabitEthernet 0/1
192.168.1.1/24

GigabitEthernet 0/1
192.168.3.1/24

图 4-7-1　企业网络连接拓扑图

6．实验设备

路由器 2 台，PC 2 台，双绞线 3 对。

7．实验过程

（1）根据实验的拓扑图，用线缆连接网络设备，组建实验使用的网络。

（2）配置路由器 RA 的名称、接口 IP 地址和 OSPF 协议路由。

```
R3>enable
R3#configure terminal
Enter configuration commands, one per line.    End with CNTL/Z.
R3(config)#hostname RA
RA(config)#
RA(config)#interface gigabitEthernet 0/0
RA(config-if-GigabitEthernet 0/0)#ip address 192.168.2.3    255.255.255.0
RA(config-if-GigabitEthernet 0/0)#no shutdown
RA(config-if-GigabitEthernet 0/0)#exit
RA(config)#interface gigabitEthernet 0/1
RA(config-if-GigabitEthernet 0/1)#ip address 192.168.1.1    255.255.255.0
RA(config-if-GigabitEthernet 0/1)#no shutdown
RA(config-if-GigabitEthernet 0/1)#exit
RA(config)#router ospf 10
RA(config-router)#network 192.168.1.0    0.0.0.255 area 0
RA(config-router)#network 192.168.2.0    0.0.0.255 area 0
RA(config-router)#end
```

（3）配置路由器 RB 的名称、接口 IP 地址和 OSPF 协议路由。

```
R4>enable
R4#configure terminal
Enter configuration commands, one per line.    End with CNTL/Z.
R4(config)#hostname RB
RB(config)#interface gigabitEthernet 0/0
RB(config-if-GigabitEthernet 0/0)#ip address 192.168.2.4    255.255.255.0
RB(config-if-GigabitEthernet 0/0)#no shutdown
```

RB(config-if-GigabitEthernet 0/0)#exit

RB(config)#interface gigabitEthernet 0/1

RB(config-if-GigabitEthernet 0/1)#ip address 192.168.3.1　255.255.255.0

RB(config-if-GigabitEthernet 0/1)#no shutdown

RB(config-if-GigabitEthernet 0/1)#exit

RB(config)#router ospf 10

RB(config-router)#network 192.168.2.0　0.0.0.255 area 0

RB(config-router)#network 192.168.3.0　0.0.0.255 area 0

RB(config-router)#end

（4）配置 PC1 和 PC2 的 IP 地址和网关。

8．实验结果

（1）查看路由器 RA 的路由表。

RA#show ip route

Codes:　C - connected, S - static, R - RIP, B - BGP

O - OSPF, IA - OSPF inter area

N1 - OSPF NSSA external type 1, N2 - OSPF NSSA external type 2

E1 - OSPF external type 1, E2 - OSPF external type 2

i - IS-IS, su - IS-IS summary, L1 - IS-IS level-1, L2 - IS-IS level-2

ia - IS-IS inter area, * - candidate default

Gateway of last resort is no set

C　　192.168.1.0/24 is directly connected, GigabitEthernet 0/1

C　　192.168.1.1/32 is local host.

C　　192.168.2.0/24 is directly connected, GigabitEthernet 0/0

C　　192.168.2.3/32 is local host.

O　　192.168.3.0/24 [110/2] via 192.168.2.4, 00:03:31, GigabitEthernet 0/0

（2）查看路由器 RB 的路由表。

RB#show ip route

Codes:　C - connected, S - static, R - RIP, B - BGP

O - OSPF, IA - OSPF inter area

N1 - OSPF NSSA external type 1, N2 - OSPF NSSA external type 2

E1 - OSPF external type 1, E2 - OSPF external type 2

i - IS-IS, su - IS-IS summary, L1 - IS-IS level-1, L2 - IS-IS level-2

ia - IS-IS inter area, * - candidate default

Gateway of last resort is no set

O　　192.168.1.0/24 [110/2] via 192.168.2.3, 00:00:05, GigabitEthernet 0/0

C　　192.168.2.0/24 is directly connected, GigabitEthernet 0/0

C　　192.168.2.4/32 is local host.

C　　192.168.3.0/24 is directly connected, GigabitEthernet 0/1

C　　192.168.3.1/32 is local host.

（3）测试 PC1 到网关的连通性。

C:\Users\Administrator>ping 192.168.1.1

正在 Ping 192.168.1.1 具有 32 字节的数据:

来自 192.168.1.1 的回复: 字节=32 时间<1ms TTL=64

来自 192.168.1.1 的回复: 字节=32 时间=6ms TTL=64

来自 192.168.1.1 的回复: 字节=32 时间=8ms TTL=64

来自 192.168.1.1 的回复: 字节=32 时间=10ms TTL=64

192.168.1.1 的 Ping 统计信息:

　　数据包: 已发送 = 4, 已接收 = 4, 丢失 = 0 (0% 丢失),

往返行程的估计时间(以毫秒为单位):

　　最短 = 0ms, 最长 = 10ms, 平均 = 6ms

（4）测试 PC2 到网关的连通性。

C:\Users\Administrator> ping 192.168.3.1

正在 Ping 192.168.3.1 具有 32 字节的数据:

来自 192.168.3.1 的回复: 字节=32 时间=5ms TTL=64

来自 192.168.3.1 的回复: 字节=32 时间<1ms TTL=64

来自 192.168.3.1 的回复: 字节=32 时间=7ms TTL=64

来自 192.168.3.1 的回复: 字节=32 时间=8ms TTL=64

192.168.3.1 的 Ping 统计信息:

　　数据包: 已发送 = 4, 已接收 = 4, 丢失 = 0 (0% 丢失),

往返行程的估计时间(以毫秒为单位):

　　最短 = 0ms, 最长 = 8ms, 平均 = 5ms

（5）测试 PC1 到 PC2 的连通性。

C:\Users\Administrator>ping 192.168.3.2

正在 Ping 192.168.3.2 具有 32 字节的数据:

来自 192.168.3.2 的回复: 字节=32 时间<1ms TTL=62

来自 192.168.3.2 的回复: 字节=32 时间<1ms TTL=62

来自 192.168.3.2 的回复: 字节=32 时间<1ms TTL=62

来自 192.168.3.2 的回复: 字节=32 时间<1ms TTL=62

192.168.3.2 的 Ping 统计信息:

　　数据包: 已发送 = 4, 已接收 = 4, 丢失 = 0 (0% 丢失),

往返行程的估计时间(以毫秒为单位):

　　最短 = 0ms, 最长 = 0ms, 平均 = 0ms

经过上述测试可知, 网络中的 PC 可以正常通信, 说明本实验配置成功。

9. 参考配置

（1）路由器 RA 的配置。

```
RA#show running-config
Building configuration...
Current configuration : 1636 bytes

!
version RGOS 10.3(5b8)p2, Release(142981)(Wed Aug 29 08:59:36 CST 2012 -ngcf62)
hostname RA
!
vlan 1
!
!
no service password-encryption
```

```
!
control-plane
!
control-plane protocol
  no acpp
!
control-plane manage
  no port-filter
  no arp-car
  no acpp
!
control-plane data
  no glean-car
  no acpp
!
interface Serial 2/0
  encapsulation HDLC
  clock rate 64000
!
interface FastEthernet 1/0
!
interface FastEthernet 1/1
!
interface FastEthernet 1/2
!
interface FastEthernet 1/3
!
interface FastEthernet 1/4
!
interface FastEthernet 1/5
!
interface FastEthernet 1/6
!
interface FastEthernet 1/7
!
interface FastEthernet 1/8
!
interface FastEthernet 1/9
!
interface FastEthernet 1/10
!
interface FastEthernet 1/11
!
interface FastEthernet 1/12
!
interface FastEthernet 1/13
```

```
!
interface FastEthernet 1/14
!
interface FastEthernet 1/15
!
interface FastEthernet 1/16
!
interface FastEthernet 1/17
!
interface FastEthernet 1/18
!
interface FastEthernet 1/19
!
interface FastEthernet 1/20
!
interface FastEthernet 1/21
!
interface FastEthernet 1/22
!
interface FastEthernet 1/23
!
interface GigabitEthernet 0/0
  ip address 192.168.2.3    255.255.255.0
  duplex auto
  speed auto
!
interface GigabitEthernet 0/1
  ip address 192.168.1.1    255.255.255.0
  duplex auto
  speed auto
!
router ospf 10
  network 192.168.1.0    0.0.0.255 area 0
  network 192.168.2.0    0.0.0.255 area 0
!
ref parameter 50 140
line con 0
line aux 0
line vty 0 4
  login
!
end
```

（2）路由器 RB 的配置。

```
RB#show running-config
Building configuration...
Current configuration : 1688 bytes
```

!

version RGOS 10.3(5b8)p2, Release(142981)(Wed Aug 29 08:59:36 CST 2012 -ngcf62)

hostname RB

!

vlan 1

!

!

no service password-encryption

!

control-plane

!

control-plane protocol

　no acpp

!

control-plane manage

　no port-filter

　no arp-car

　no acpp

!

control-plane data

　no glean-car

　no acpp

!

interface Serial 2/0

　encapsulation HDLC

!

interface FastEthernet 1/0

!

interface FastEthernet 1/1

!

interface FastEthernet 1/2

!

interface FastEthernet 1/3

!

interface FastEthernet 1/4

!

interface FastEthernet 1/5

!

interface FastEthernet 1/6

!

interface FastEthernet 1/7

!

interface FastEthernet 1/8

!

interface FastEthernet 1/9

!

```
interface FastEthernet 1/10
!
interface FastEthernet 1/11
!
interface FastEthernet 1/12
!
interface FastEthernet 1/13
!
interface FastEthernet 1/14
!
interface FastEthernet 1/15
!
interface FastEthernet 1/16
!
interface FastEthernet 1/17
!
interface FastEthernet 1/18
!
interface FastEthernet 1/19
!
interface FastEthernet 1/20
!
interface FastEthernet 1/21
!
interface FastEthernet 1/22
!
interface FastEthernet 1/23
!
interface GigabitEthernet 0/0
  ip address 192.168.2.4   255.255.255.0
  duplex auto
  speed auto
!
interface GigabitEthernet 0/1
  ip address 192.168.3.1   255.255.255.0
  duplex auto
  speed auto
!
router ospf 10
  network 192.168.2.0   0.0.0.255 area 0
  network 192.168.3.0   0.0.0.255 area 0
!
router rip
  version 2
  network 192.168.2.0
  network 192.168.3.0
```

```
!
ref parameter 50 140
line con 0
line aux 0
line vty 0 4
  login
!
End
```

注意：①同一路由器上的不同端口应当配置不同网段的 IP 地址；②在 OSPF 协议中通告的是网络号和子网掩码的翻码，并且要通告与路由器相连的所有网段，同时还要注意它们都处在同一个区域内；③在 PC 中要设定对应的网关。

实验 8　小型校园网络的组建

1. 实验名称

小型校园网络的组建。

2. 实验目的

利用交换机和路由器完成小型校园网络的组建，其中涉及 IP 地址规划、VLAN 和路由等网络技术，让学生掌握网络技术的综合运用。

3. 实验原理

IP 地址规划、VLAN 和路由等技术的原理（这些内容都已经在前面的实验中学习过）。

4. 实验内容

模拟某学校网络及其连接的外部网络拓扑结构。该学校网络分为接入层和汇聚层，接入层包含交换机 SA 和交换机 SB，汇聚层包含交换机 SC。该学校网络划分办公网和学生网两个 VLAN，办公网是 VLAN20，学生网是 VLAN10，其中 VLAN10 在 SA 和 SB 上。另外，借助 VLAN 划分，使得 VLAN20 可以访问外部网络，而 VLAN10 不可以。具体实验内容如下：

（1）按照给出的网络拓扑结构，自行搭建网络环境。

（2）在 SA 与 SB2 台设备中创建 VLAN10 和 VLAN20。在 SA 上，VLAN10 包含端口 F0/1，VLAN20 包含端口 F0/2。在 SB 上，VLAN10 包含端口 F0/1。

（3）在 SC 中创建 VLAN20，VLAN20 包含端口 F0/1。

（4）将 SA 的端口 F0/24 和 SC 的端口 F0/24 设置为 Trunk 模式，将 SB 的端口 F0/23 和 SC 的端口 F0/23 设置为 Trunk 模式。

（5）按照图 4-8-1 所给地址为路由器 RA 和路由器 RB 的端口配置 IP 地址。

（6）在 RA 和 RB 上运用 RIPV2 无类路由协议配置全网路由。

（7）配置各台 PC 的网络信息，包括 IP 地址、子网掩码和默认网关。

5. 实验拓扑

本次实验使用的网络拓扑图如图 4-8-1 所示。在该网络中，路由器 RA 和路由器 RB 相连，配置了三个网段，分别是 192.168.1.0/24、192.168.2.0/24 和 192.168.3.0/24。PC1、PC2 和 PC3 在网段 192.168.1.0/24 中，PC4 和 PC5 在网段 192.168.3.0/24 中。

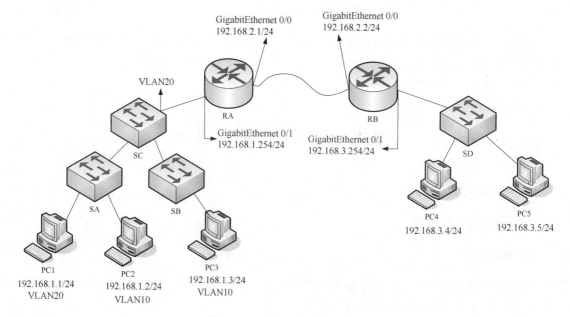

图 4-8-1　企业网络连接拓扑图

6. 实验设备

路由器 2 台，交换机 4 台，PC 5 台，双绞线 10 对。

7. 实验过程

（1）按照图 4-8-1 给出的网络拓扑结构，搭建网络环境。

（2）在 SA 中创建 VLAN10 和 VLAN20，将端口 F0/1 划分到 VLAN10 中，将端口 F0/2 划分到 VLAN20 中。

```
SA#conf t
SA(config)#vlan 10
SA(config-vlan)#exit
SA(config)#vlan 20
SA(config-vlan)#exit
SA(config)#in fastEthernet 0/1
SA(config-if-FastEthernet 0/1)#switchport access vlan 10
SA(config-if-FastEthernet 0/1)#exit
SA(config)#in fastEthernet 0/2
SA(config-if-FastEthernet 0/2)#switchport access vlan 20
SA(config-if-FastEthernet 0/2)#exit
```

（3）在 SB 中创建 VLAN10，将端口 F0/1 划分到 VLAN10 中。

SB#conf t
SB(config)#vlan 10
SB(config-vlan)#exit
SB(config)#interface fastEthernet 0/1
SB(config-if-FastEthernet 0/1)#switchport access vlan 10

（4）将 SA 的端口 F0/24 和 SC 的端口 F0/24 设置为 Trunk 模式，将 SB 的端口 F0/23 和 SC 的端口 F0/23 设置为 Trunk 模式。

SA(config)#interface fastEthernet 0/24
SA(config-if-FastEthernet 0/24)#switchport mode trunk
SC(config)#interface fastEthernet 0/24
SC(config-if-FastEthernet 0/24)#switchport mode trunk

SB(config)#interface fastEthernet 0/23
SB(config-if-FastEthernet 0/23)#switchport mode trunk
SC(config)#interface fastEthernet 0/23
SC(config-if-FastEthernet 0/23)#switchport mode trunk

（5）在 SC 中创建 VLAN20，将端口 F0/1 划分到 VLAN20 中。

SC(config)#vlan 20
SB(config-vlan)#exit
SC(config)#interface fastEthernet 0/1
SC(config-if-FastEthernet 0/1)#switchport access vlan 20

（6）为路由器 RA 的端口配置 IP 地址。

RA(config)#interface gigabitEthernet 0/0
RA(config-if-GigabitEthernet 0/0)#ip address 192.168.2.1   255.255.255.0
RA(config-if-GigabitEthernet 0/0)#exit
RA(config)#interface gigabitEthernet 0/1
RA(config-if-GigabitEthernet 0/1)#ip address 192.168.1.254   255.255.255.0

（7）为路由器 RB 的端口配置 IP 地址。

RB(config)#interface gigabitEthernet 0/0
RB(config-if-GigabitEthernet 0/0)#ip address 192.168.2.2   255.255.255.0
RB(config-if-GigabitEthernet 0/0)#exit
RB(config)#interface gigabitEthernet 0/1
RB(config-if-GigabitEthernet 0/1)#ip address 192.168.3.254   255.255.255.0

（8）在路由器 RA 上配置 RIPV2 无类路由协议。

RA(config)#router rip
RA(config-router)#version 2
RA(config-router)#network 192.168.2.0
RA(config-router)#network 192.168.1.0
RA(config-router)#exit

（9）在路由器 RB 上配置 RIPV2 无类路由协议。

RB(config)#router rip
RB(config-router)#version 2

RB(config-router)#network 192.168.2.0

RB(config-router)#network 192.168.3.0

RB(config-router)#exit

（10）配置各台 PC 的网络信息，包括 IP 地址、子网掩码和默认网关。

8．实验结果

（1）PC1 不能与 PC2、PC3 通信。

PC>ping 192.168.1.2

Pinging 192.168.1.2 with 32 bytes of data:

Request timed out.

Request timed out.

Request timed out.

Request timed out.

Ping statistics for 192.168.1.2:

Packets: Sent = 4, Received = 0, Lost = 4 (100% loss)

PC>ping 192.168.1.3

Pinging 192.168.1.3 with 32 bytes of data:

Request timed out.

Request timed out.

Request timed out.

Request timed out.

Ping statistics for 192.168.1.3:

Packets: Sent = 4, Received = 0, Lost = 4 (100% loss)

（2）PC1 能与 PC4、PC5 通信。

PC>ping 192.168.3.4

Pinging 192.168.3.4 with 32 bytes of data:

Reply from 192.168.3.4: bytes=32 time=0ms TTL=126

Reply from 192.168.3.4: bytes=32 time=10ms TTL=126

Reply from 192.168.3.4: bytes=32 time=10ms TTL=126

Reply from 192.168.3.4: bytes=32 time=11ms TTL=126

Ping statistics for 192.168.3.4:

Packets: Sent = 4, Received = 4, Lost = 0 (0% loss),

Approximate round trip times in milli-seconds:

Minimum = 0ms, Maximum = 11ms, Average = 7ms

PC>ping 192.168.3.5

Pinging 192.168.3.5 with 32 bytes of data:

Reply from 192.168.3.5: bytes=32 time=0ms TTL=126

Reply from 192.168.3.5: bytes=32 time=1ms TTL=126

Reply from 192.168.3.5: bytes=32 time=0ms TTL=126

Reply from 192.168.3.5: bytes=32 time=0ms TTL=126

Ping statistics for 192.168.3.5:

Packets: Sent = 4, Received = 4, Lost = 0 (0% loss),

Approximate round trip times in milli-seconds:

Minimum = 0ms, Maximum = 1ms, Average = 0ms

（3）PC2 能与 PC3 通信。

PC>ping 192.168.1.3

Pinging 192.168.1.3 with 32 bytes of data:

Reply from 192.168.1.3: bytes=32 time=1ms TTL=128

Reply from 192.168.1.3: bytes=32 time=0ms TTL=128

Reply from 192.168.1.3: bytes=32 time=0ms TTL=128

Reply from 192.168.1.3: bytes=32 time=0ms TTL=128

Ping statistics for 192.168.1.3:

Packets: Sent = 4, Received = 4, Lost = 0 (0% loss),

Approximate round trip times in milli-seconds:

Minimum = 0ms, Maximum = 1ms, Average = 0ms

（4）PC2 不能与 PC4、PC5 通信。

PC>ping 192.168.3.4

Pinging 192.168.3.4 with 32 bytes of data:

Request timed out.

Request timed out.

Request timed out.

Request timed out.

Ping statistics for 192.168.3.4:

Packets: Sent = 4, Received = 0, Lost = 4 (100% loss)

PC>ping 192.168.3.5

Pinging 192.168.3.5 with 32 bytes of data:

Request timed out.

Request timed out.

Request timed out.

Request timed out.

Ping statistics for 192.168.3.5:

Packets: Sent = 4, Received = 0, Lost = 4 (100% loss)

（5）PC3 不能与 PC4、PC5 通信。

PC>ping 192.168.3.4

Pinging 192.168.3.4 with 32 bytes of data:

Request timed out.

Request timed out.

Request timed out.

Request timed out.

Ping statistics for 192.168.3.4:

Packets: Sent = 4, Received = 0, Lost = 4 (100% loss)

PC>ping 192.168.3.5

Pinging 192.168.3.5 with 32 bytes of data:

Request timed out.

Request timed out.

Request timed out.

Request timed out.

Ping statistics for 192.168.3.5:

Packets: Sent = 4, Received = 0, Lost = 4 (100% loss)

9. 参考配置

（1）RA 的参考配置。

```
RA#show running-config
Building configuration...
Current configuration : 2091 bytes
!
version RGOS 10.3(5b8)p2, Release(142981)(Wed Aug 29 08:59:36 CST 2012 -ngcf62)
hostname RA
!
vlan 1
!
no service password-encryption
!
!
control-plane
!
control-plane protocol
  no acpp
!
control-plane manage
  no port-filter
  no arp-car
  no acpp
!
control-plane data
  no glean-car
  no acpp
!
!
interface Serial 2/0
  encapsulation HDLC
  ip address 200.1.1.1    255.255.255.252
!
interface FastEthernet 1/0
!
interface FastEthernet 1/1
!
interface FastEthernet 1/2
!
interface FastEthernet 1/3
!
interface FastEthernet 1/4
!
interface FastEthernet 1/5
!
```

```
interface FastEthernet 1/6
!
interface FastEthernet 1/7
!
interface FastEthernet 1/8
!
interface FastEthernet 1/9
!
interface FastEthernet 1/10
!
interface FastEthernet 1/11
!
interface FastEthernet 1/12
!
interface FastEthernet 1/13
!
interface FastEthernet 1/14
!
interface FastEthernet 1/15
!
interface FastEthernet 1/16
!
interface FastEthernet 1/17
!
interface FastEthernet 1/18
!
interface FastEthernet 1/19
!
interface FastEthernet 1/20
!
interface FastEthernet 1/21
!
interface FastEthernet 1/22
!
interface FastEthernet 1/23
!
interface GigabitEthernet 0/0
 ip address 192.168.2.1   255.255.255.0
duplex auto
 speed auto
!
interface GigabitEthernet 0/1
 ip address 192.168.1.254   255.255.255.0
 duplex auto
 speed auto
!
```

```
router rip
 version 2
 network 192.168.1.0
 network 192.168.2.0
!
ref parameter 50 140
line con 0
line aux 0
line vty 0 4
login
!
!
end
```

（2）RB 的参考配置。

```
RB#show running-config
Building configuration...
Current configuration : 1944 bytes
!
version RGOS 10.3(5b8)p2, Release(142981)(Wed Aug 29 08:59:36 CST 2012 -ngcf62)
hostname RB
!
vlan 1
!
no service password-encryption
!
!
control-plane
!
control-plane protocol
 no acpp
!
control-plane manage
 no port-filter
 no arp-car
 no acpp
!
control-plane data
 no glean-car
 no acpp
!
interface Serial 2/0
 encapsulation HDLC
 clock rate 64000
!
interface FastEthernet 1/0
!
```

```
interface FastEthernet 1/1
!
interface FastEthernet 1/2
!
interface FastEthernet 1/3
!
interface FastEthernet 1/4
!
interface FastEthernet 1/5
!
interface FastEthernet 1/6
!
interface FastEthernet 1/7
!
interface FastEthernet 1/8
!
interface FastEthernet 1/9
!
interface FastEthernet 1/10
!
interface FastEthernet 1/11
!
interface FastEthernet 1/12
!
interface FastEthernet 1/13
!
interface FastEthernet 1/14
!
interface FastEthernet 1/15
!
interface FastEthernet 1/16
!
interface FastEthernet 1/17
!
interface FastEthernet 1/18
!
interface FastEthernet 1/19
!
interface FastEthernet 1/20
!
interface FastEthernet 1/21
!
interface FastEthernet 1/22
!
interface FastEthernet 1/23
!
```

```
interface GigabitEthernet 0/0
ip address 192.168.2.2    255.255.255.0
duplex auto
  speed auto
!
interface GigabitEthernet 0/1
  ip address 192.168.3.254    255.255.255.0
  duplex auto
  speed auto
!
router rip
  version 2
  network 192.168.2.0
  network 192.168.3.0
!
!
ref parameter 50 140
line con 0
line aux 0
line vty 0 4
  login
!
!
end
```

（3）SA 的参考配置。

```
SA#show running-config
Building configuration...
Current configuration : 1434 bytes
!
version RGOS 10.4(3b2)p1 Release(136500)(Tue May 29 14:08:02 CST 2012 -ngcf62)
hostname SA
!
nfpp
!
vlan 1
!
vlan 10
!
vlan 20
!
!
no service password-encryption
ip http authentication local
!
enable service web-server http
```

```
enable service web-server https
!
interface FastEthernet 0/1
  switchport access vlan 10
!
interface FastEthernet 0/2
  switchport access vlan 20
!
interface FastEthernet 0/3
!
interface FastEthernet 0/4
!
interface FastEthernet 0/5
!
interface FastEthernet 0/6
!
interface FastEthernet 0/7
!
interface FastEthernet 0/8
!
interface FastEthernet 0/9
!
interface FastEthernet 0/10
!
interface FastEthernet 0/11
!
interface FastEthernet 0/12
!
interface FastEthernet 0/13
!
interface FastEthernet 0/14
!
interface FastEthernet 0/15
!
interface FastEthernet 0/16
!
interface FastEthernet 0/17
!
interface FastEthernet 0/18
!
interface FastEthernet 0/19
!
interface FastEthernet 0/20
!
interface FastEthernet 0/21
```

```
!
interface FastEthernet 0/22
!
interface FastEthernet 0/23
!
interface FastEthernet 0/24
  switchport mode trunk
!
interface GigabitEthernet 0/25
!
interface GigabitEthernet 0/26
!
interface GigabitEthernet 0/27
!
interface GigabitEthernet 0/28
!
interface VLAN 1
  no ip proxy-arp
  ip address 192.168.1.222    255.255.255.0
!
line con 0
line vty 0 4
  login
!
end
```

（4）SB 的参考配置。

```
SB#show running-config
Building configuration...
Current configuration : 1394 bytes
!
version RGOS 10.4(3b2)p1 Release(136500)(Tue May 29 14:08:02 CST 2012 -ngcf62)
hostname SB
!
nfpp
!
!
vlan 1
!
vlan 10
!
!
no service password-encryption
ip http authentication local
!
```

```
enable service web-server http
enable service web-server https
!
interface FastEthernet 0/1
 switchport access vlan 10
!
interface FastEthernet 0/2
!
interface FastEthernet 0/3
!
interface FastEthernet 0/4
!
interface FastEthernet 0/5
!
interface FastEthernet 0/6
!
interface FastEthernet 0/7
!
interface FastEthernet 0/8
!
interface FastEthernet 0/9
!
interface FastEthernet 0/10
!
interface FastEthernet 0/11
!
interface FastEthernet 0/12
!
interface FastEthernet 0/13
!
interface FastEthernet 0/14
!
interface FastEthernet 0/15
!
interface FastEthernet 0/16
!
interface FastEthernet 0/17
!
interface FastEthernet 0/18
!
interface FastEthernet 0/19
!
interface FastEthernet 0/20
!
interface FastEthernet 0/21
```

```
!
interface FastEthernet 0/22
!
interface FastEthernet 0/23
  switchport mode trunk
!
interface FastEthernet 0/24
!
interface GigabitEthernet 0/25
!
interface GigabitEthernet 0/26
!
interface GigabitEthernet 0/27
!
interface GigabitEthernet 0/28
!
interface VLAN 1
  no ip proxy-arp
  ip address 192.168.1.200    255.255.255.0
!
line con 0
line vty 0 4
  login
!
!
end
```

（5）SC 的参考配置。

```
SC#show running-config
Building configuration...
Current configuration : 1328 bytes
!
version RGOS 10.4(3)p1 Release(143925)(Mon Sep 10 01:08:31 CST 2012 -ngcf67)
hostname SC
!
nfpp
!
!
vlan 1
!
vlan 20
!
no service password-encryption
!
interface FastEthernet 0/1
```

```
    switchport access vlan 20
    speed 10
!
interface FastEthernet 0/2
!
interface FastEthernet 0/3
!
interface FastEthernet 0/4
!
interface FastEthernet 0/5
!
interface FastEthernet 0/6
!
interface FastEthernet 0/7
!
interface FastEthernet 0/8
!
interface FastEthernet 0/9
!
interface FastEthernet 0/10
!
interface FastEthernet 0/11
!
interface FastEthernet 0/12
!
interface FastEthernet 0/13
!
interface FastEthernet 0/14
!
interface FastEthernet 0/15
!
interface FastEthernet 0/16
!
interface FastEthernet 0/17
!
interface FastEthernet 0/18
!
interface FastEthernet 0/19
!
interface FastEthernet 0/20
!
interface FastEthernet 0/21
!
interface FastEthernet 0/22
!
```

```
interface FastEthernet 0/23
  switchport mode trunk
!
interface FastEthernet 0/24
  switchport mode trunk
!
interface GigabitEthernet 0/25
!
interface GigabitEthernet 0/26
!
interface VLAN 1
  no ip proxy-arp
!
line con 0
line vty 0 4
  login
!
end
```

参考文献

[1] 谢希仁. 计算机网络[M]. 7 版. 北京：电子工业出版社，2017.

[2] TANENBAUM A S. 计算机网络：第 4 版[M]. 潘爱民，译. 北京：清华大学出版社，2004.

[3] 吴功宜. 计算机网络教程[M]. 5 版. 北京：电子工业出版社，2011.

[4] KUROSE JF，ROSS KW. 计算机网络：自顶向下方法：第 6 版[M]. 陈鸣，译. 北京：机械工业出版社，2014.

[5] FALL K R，STEVENS W R. TCP/IP 详解卷 1：协议：第 2 版[M]. 吴英，张玉，许昱玮，译. 北京：机械工业出版社，2016.

[6] 钟小平. 网络服务器配置与应用[M]. 3 版. 北京：人民邮电出版社，2007.

[7] 韩斌. 网络服务器配置与管理[M]. 西安：西安电子科技大学出版社，2017.

[8] 赵尔丹，张照枫. 网络服务器配置与管理[M]. 北京：清华大学出版社，2016.

[9] 孙翠娟，樊克利. 计算机通信与网络实验教程[M]. 西安：西安电子科技大学出版社，2014.

[10] 王盛邦. 计算机网络实验教程[M]. 2 版. 北京：清华大学出版社，2017.